AKADEMIE DER WISSENSCHAFTEN DER DDR

# ATLAS
# DER VERBREITUNG
# PALAEARKTISCHER VÖGEL

Begründet von
E. STRESEMANN, Berlin, und L. A. PORTENKO, Leningrad

12. LIEFERUNG

Herausgegeben von
H. DATHE, Berlin, und I. A. NEUFELDT, Leningrad

Bearbeitet von

I. A. NEUFELDT, L. A. PORTENKO, E. v. VIETINGHOFF-SCHEEL, K. WUNDERLICH

*Mit 10 zweifarbigen Verbreitungskarten*

AKADEMIE-VERLAG · BERLIN

1984

Aus der Forschungsstelle für Wirbeltierforschung (im Tierpark Berlin)
der Akademie der Wissenschaften der DDR

Erschienen im Akademie-Verlag, DDR-1086 Berlin, Leipziger Straße 3—4

Lizenznummer: 202 · 100/477/84
Printed in the German Democratic Republic
Gesamtherstellung: VEB Druckerei „Thomas Müntzer", 5820 Bad Langensalza
LSV 1375
Bestellnummer: 763 280 6 (3034/12)
03000

## INHALT DER 12. LIEFERUNG

# VORWORT ZUR 12. LIEFERUNG

Auch für diese Lieferung wurde uns kollegiale Unterstützung von verschiedener Seite zuteil. Besonders dankbar sind wir B. BISWAS (Calcutta), S. ECK (Dresden), Dr. H. KUMERLOEVE (Gräfelfing/München), Prof. Dr. J. MARTENS (Mainz) Dr. G. RHEINWALD (Bonn), Dr. H. SCHIFTER (Wien), Dr. H. UTSCHICK (München) und Dr. G. SPIES, AdW Berlin, für Übersetzen chinesischer Fachliteratur.

Frau INGEBORG WILCZOK (Berlin), die bewährte Zeichnerin unserer Verbreitungskarten, war aus Gesundheitsrücksichten bedauerlicherweise genötigt, ihr Mitwirken zu beenden. Herr JOHANNES DORNICS (Berlin) tritt ab dieser Lieferung an ihre Stelle.

ERIKA V. VIETINGHOFF-SCHEEL — KLAUS WUNDERLICH

XII

1984

# *Mycerobas icterioides* (Vigors)

bearbeitet von

I. A. NEUFELDT und E. v. VIETINGHOFF-SCHEEL

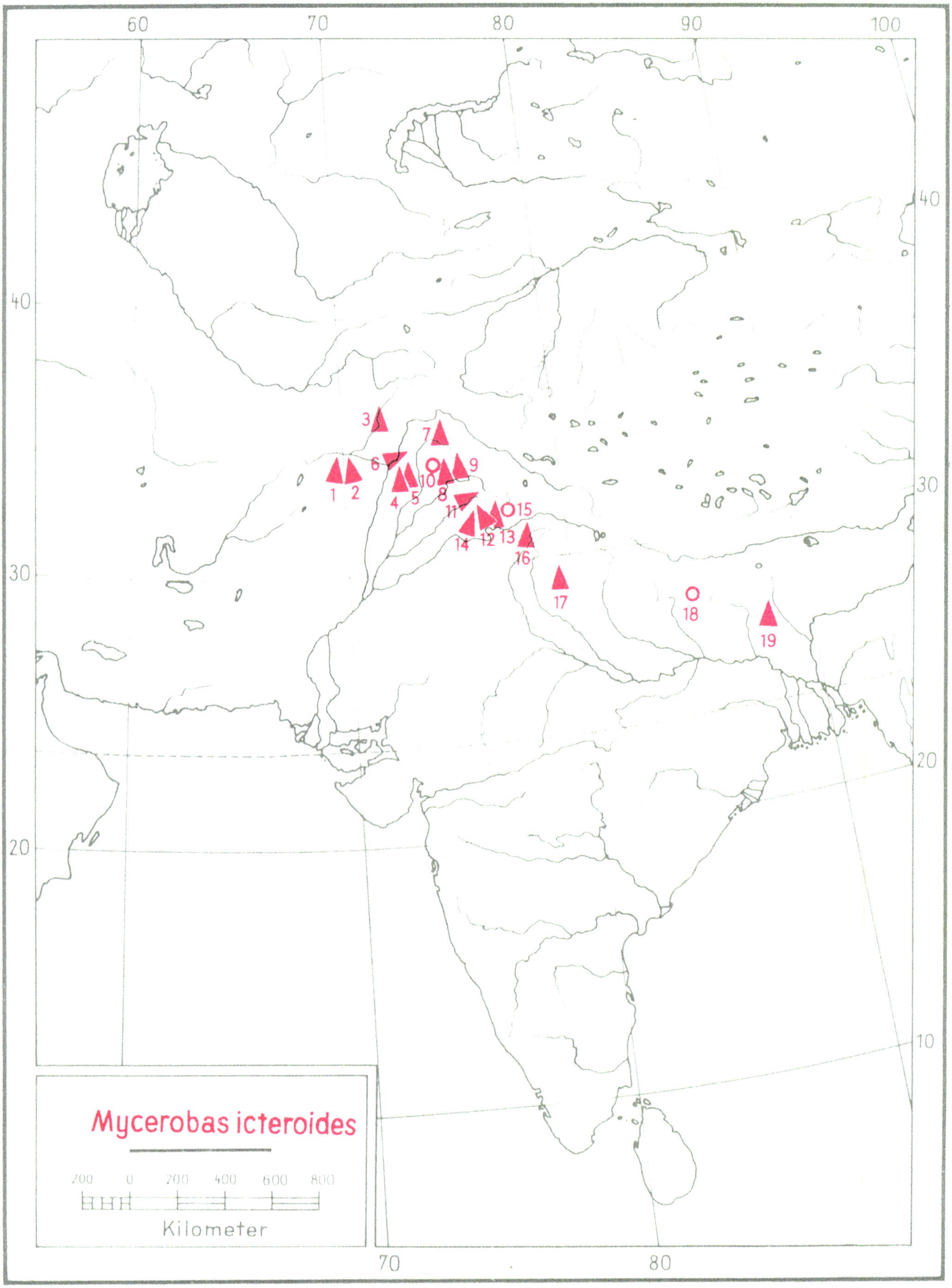
Mycerobas icteroides
200 0 200 400 600 800
Kilometer
60
70
80
90
100
40
30
20
10
1
2
3
4
5
6
7
8
9
10
11
12
13
14
15
16
17
18
19

eines oder mehrerer Äste vom Hauptstamm, seltener auf horizontal von ihm abgehenden Ästen (bis 3 m vom Stamm entfernt) oder aber in Schlingpflanzen, die Bäume bedecken. Bisweilen brüten sie auch in anderen Baumarten, z. B. in *Taxus*, *Citrus* oder Wildkirsche (RATTRAY 1905, JONES 1919, BAKER 1926, WHISTLER u. KINNEAR 1949, BATES u. LOWTHER 1952).

Die Nestunterlage ist gewöhnlich mit Flechtenstückchen bedeckt. Außen besteht das tassenförmige Nest aus trockenen Ästchen, Flechten, Grasstengeln mit Beimischung von trockenem Moos und ist deshalb von der Erde aus schwer zu erkennen, von innen ist es mit zarten Hälmchen und Würzelchen ausgelegt (JONES 1919, BATES u. LOWTHER 1952).

Das Vollgelege enthält 2–3 Eier. Maße (n = 40) Mittel 28,3 × 19,9; Max. 32,0 × 20,0; 29,3 × 20,7; Min. 26,1 × 20,2; 26,9 × 19,0 mm (BAKER 1934). Über die Farbe der Eier s. BAKER (1934), WHISTLER u. KINNEAR (1949).

Die Vögel ernähren sich vorwiegend pflanzlich, jedoch in der Brutperiode von Insekten und anderen kleinen Wirbellosen. Die Art des Futters ist saisonbedingt und richtet sich nach dem jeweiligen Angebot in der Natur. So kommen auch junge Sprosse von Nadelbäumen, besonders von Kiefern, in Frage oder Früchte und Samen von Sträuchern und Unterwuchs, z. B. Wildapfel, und schließlich auch aus den Zapfen fallende Samen. Dabei hält sich der Vogel oft in den Baumwipfeln auf, so daß er nur durch die knackenden Töne, die die Schnäbel beim Fressen verursachen, auszumachen ist, ebenso im Strauchwerk, aber auch häufig auf dem Erdboden (MAGRATH 1908, OSMASTON 1926, WHISTLER u. KINNEAR 1949, BATES u. LOWTHER 1952, ALI u. RIPLEY 1974).

### Wanderungen

Hauptsächlich seßhaft, streift im Winter in den Gebirgen etwas tiefer als zur Brutzeit, gewöhnlich bei 1500–1219 m, mitunter auch bei 750 m. Diese saisonalen Vertikalstreifereien unternehmen die Vögel auch zur herbstlichen Nahrungssuche, jedoch unregelmäßig und in Abhängigkeit vom Samenangebot der Koniferen und anderen Pflanzen, die ihnen Futter spenden.

In Gebirgen eingelagerten Talkesseln unterhalb des Brutgebietes sind die Vögel nicht selten noch im April anzutreffen. Außerhalb der Vermehrungsperiode vereinigen sich die Kernbeißer zu kleinen Gruppen (mehrere Familien) oder Schwärmen; manchmal bilden sie auch zur Brutzeit Trupps aus über 50 Exemplaren, wahrscheinlich Subadulte, wie das in Kashmir bei Tanin beobachtet wurde (BATES u. LOWTHER 1952). Es ist nicht auszuschließen, daß die Schwarmbildung durch ein Überangebot an Futter hervorgerufen wird. Bekannt ist, daß *M. icterioides* nach plötzlichen sommerlichen Kälteeinbrüchen auch bis Juni in geringen Höhen gefunden wurden (ALI u. RIPLEY 1974).

## *Mycerobas icterioides* (Vigors)

Goldkernbeißer

### Verwandtschaft

Monotypische Art, die nahe mit *Mycerobas affinis* (Blyth) verwandt ist; ausführliche Angaben über den Umfang der Gattung *Mycerobas* und über die Verwandtschaft ihrer Arten siehe bei *Mycerobas carnipes* (Hodgson).

### Zur Verbreitung

Das Brutgebiet reicht in Form eines schmalen Gürtels von Nadelwäldern, teils bergigen Mischwäldern vom Safed Koh (= Spingar), dem West- und Zentral-Himalaya, vom Tschitralgebirge im Westen, bis Darjeeling im Osten. Aus Afghanistan ist nur eine Nachricht über das Vorkommen aus dem an Pakistan angrenzenden östlichen Teil des Landes bekannt (Paludan 1959), während auf den mit Wald bedeckten Hängen des Safed Koh, in Pakistan, die Art schon häufig ist (Whitehead 1909), wie auch im West-Himalaya (Pakistan, Indien, Jammu und Kashmir, Himal-Pradesh). Mit dem Vorrücken nach Osten bei Simla (Zentral-Himalaya) wird die Verbreitung sporadischer, die Anzahl der Vögel verringert sich, und in Nepal sind sie selten. Ein Weibchen jedoch, erlegt am 8. 6. bei Darjeeling (Coll. Zool. Inst. Leningrad), zeigt, daß das Areal bis West-Bengalen in Indien reicht.

### Oekologie

*Mycerobas icterioides* besiedelt die himalayanischen Hochwälder von 1680 bis 3500 m, hauptsächlich Nadel-, teilweise Mischwälder (Nadel- und Laubwälder, sowohl immergrüne als auch laubwerfende); mitunter bewohnt er zur Brutzeit (aus Mangel an Nadelwäldern) Eichenwaldungen, für die dieser Vogel im Winter aber charakteristischer ist. Die niedrigsten Vorkommen liegen bei 914 m, vereinzelt ist er an der oberen Grenze der Waldverbreitung bis 3500 m nachgewiesen worden. Mitunter bewohnt er auch kleine Gehölze und einzelne Nadelbäume dort, wo keine ausgesprochenen Waldmassive vorherrschen (Baker 1934). Hauptsächlich brütet er bei 1800—3000 m (Ali u. Ripley 1974).

Im Safed Koh und im nördlichen Pakistan liegen die bevorzugten Brutbiotope an felsigen Hängen mit *Cedrus deodara*, *Pinus gerardiana*, *Pinus excelsa*, *Abies webbiana* und Fichten-Tannenwäldern gewöhnlich von 1830 m bei Thandiani (Whistler 1930), bis 3353 m im Safed Koh (Wardlaw-Ramsay 1880, Whitehead 1909), in den Murree-Hills sogar bei 1676 m (Rattray 1905).

In der Gebirgskette des Großen und Kleinen Himalaya, im östlichen Tschitralgebirge, bewohnt er hauptsächlich die humiden Nadel- und Mischwälder der gemäßigten Zone zwischen 1525 und 3350 m. Hier überwiegen Bestände von *Abies webbiana*, *Cedrus deodara*, *Picea*, *Tsuga*, *Pinus excelsa*, mehrere Eichen-(*Quercus*) Arten, *Acer*, *Prunus* und weitere Laubbäume. In Kashmir ist er häufig in hochstämmigen Tannenwäldern zu finden, ebenfalls in düsteren Wäldern aus unterschiedlichen Nadel- und Laubbaumarten (Osmaston 1926, Bates u. Lowther 1952). Bei Astor erreichte er die größte Höhe mit 3500 m (Ali u. Ripley 1974). In den Gebirgen des West-Himalayas, wo keine Nadelbäume vorkommen, z. B. im Gebirge Dchoaladchar, brütet *Mycerobas icterioides* in Wäldern aus *Quercus semicarpifolia* (= Kharsuoak forest) zwischen etwa 2740 und 3050 m (Whistler 1926 b). In Nadelwaldgebieten ist er hingegen zahlreich z. B. nördlich und nordöstlich von Simla in Höhen von 1525—2743 m in Wäldern aus *Cedrus deodara* (Stoliczka 1868, Jones 1919), die in dieser Höhenlage westlich von Garwhal Wälder von *Quercus incana* (=Ban oak forest) ersetzen, die in Kumaon und West-Nepal vorherrschen. In der Gebirgskette des Kleinen Himalaya, von Süd-Kashmir bis Ost-Nepal, sind zwischen etwa 920 und 2290 m subtropische Kiefernwälder (fast ausschließlich aus *Pinus longifolia*), mit Eichen vermischt, verbreitet. Dort siedelt *Mycerobas icterioides* ebenfalls und erreichte seine niedrigste Höhe während der Brutzeit (Larji am 10. 6. ein Paar bei 914 m; Whistler 1926 a). Im Grunde genommen bestimmen die aufgeführten Waldtypen somit auch die Arealgrenzen der Art.

Zur Vermehrung gelangt die Hauptmasse der Vögel im Mai—Juni; im Juni sind die Gelege normalerweise komplett, doch findet man auch im Juli gleichzeitig flügge Junge und Gelege von unterschiedlichem Bebrütungsgrad (Baker 1926, 1934, Whistler u. Kinnear 1949, Bates u. Lowther 1952, Ali u. Ripley 1974). Bei Dunga Gali wurden im Mai—Juni viele Nester bemerkt; ein frühes Voll-Gelege stammte vom 28. 5. (Baker 1934), ein Weibchen mit Brutfleck (Coll. Indian Mus. Calcutta) vom 3. 7., am 2. 6. Vollgelege bei Thandiani (Coll. Zool. Inst. Leningrad). Bei Changla Gali (Magrath 1908) und im Pir Pandshal (Osmaston 1926) begann das Brutgeschehen im Juni. In Kashmir wurde in der letzten Dekade Juni der Bau eines Nestes beobachtet, in dem am 29. 6. bereits ein brütendes Weibchen saß (Bates u. Lowther 1952). Von den Eltern gefütterte flügge, aber nicht voll befiederte Junge sieht man gewöhnlich bis Ende Juli.

Je ein Fall einer sehr frühen und einer sehr späten Brut sind uns bekannt, und zwar ein Vollgelege, am 4. 4. von Buchanan gefunden (Baker 1926, 1934) und ein Weibchen mit Brutfleck und Ei im Eileiter vom September (Ali u. Ripley 1974). Beide Nachweise sprechen für eine sehr stark ausgedehnte Brutperiode. Einige Autoren äußern die Vermutung, es existierten zwei normale Vermehrungszyklen im Jahr (Rattray 1905, Baker 1926, 1934, Whistler 1930), was bis jetzt faktisch noch nicht bewiesen ist.

Am Nestbau beteiligen sich beide Partner, während die Eier nur vom Weibchen bebrütet werden. Das Nest liegt etwa 5—18 m hoch hauptsächlich in mächtigen Nadelbäumen (vorzugsweise Zedern, Tannen oder Fichten) entweder am Abzweig

# FUNDORTLISTE

| | | | |
|---|---|---|---|
| 1. | Peiwar | AB | WARDLAW-RAMSAY 1880 |
| – | Peiwar Kotal | A | WHISTLER 1945 |
| 2. | Safed Koh | Bc | WHITEHEAD 1909 |
| 3. | Chitral | A | COMBER 1907 |
| 4. | Rawal Pindi | BNc | WHISTLER 1930 |
| – | Dunga Gali (28 km NE Murree) | N | RATTRAY 1905 |
| | | AN | Coll. Indian Mus. Calcutta |
| – | Changla Gali | Nc | RATTRAY 1905 |
| | | N | Coll. Zool. Inst. Leningrad |
| 5. | Murree | N | COCK u. MARSHALL 1872 |
| | | BNc | WHISTLER 1930 |
| | | A | Coll. Indian Mus. Calcutta |
| | | A | SHARPE 1888 |
| – | Murree Hills | Nc | RATTRAY 1905 |
| 6. | Thandiani (NE Abbottabad) | Ac | MAGRATH 1908 |
| | | BN | WHISTLER 1930 |
| 7. | Astor | B | RIPLEY 1961 |
| – | Tarakbal (= Tragbal) | A | VAURIE 1949 |
| 8. | Gulmarg | A | SHARPE 1888 |
| | | A | GAUNTLETT 1972 |
| – | Babarishi | A | GAUNTLETT 1972 |
| 9. | Sonamurg | A | Coll. Indian Mus. Calcutta |
| 10. | Pir Panjal | BNc | OSMASTON 1926 |
| 11. | Chamba | B | RIPLEY 1961 |
| | (I.) | | SHARPE 1888 |
| 12. | Dharmsala (= Dhurmsala) | A | SHARPE 1888 |
| | (I.) | | WHISTLER 1926b |
| 13. | Naggar (I.) | | OSBORN 1904 |
| 14. | Kangra | Bs | WHISTLER 1926b |
| 15. | Kulu | Bc | WHISTLER 1926a |
| – | Saraj | Bc | WHISTLER 1926a |
| – | Larji | A | WHISTLER 1926a |
| – | bei Bandrole (13.–14. XI.) | AJ | VAURIE 1949 |
| 16. | Kotegurh (N Simla) | Ac | STOLICZKA 1868 |
| | | A | SHARPE 1888 |
| | | A | Coll. Nat.-Hist. Mus. Wien |
| – | N u. NE Simla | N | JONES 1919 |
| | | Ba | WHISTLER 1926b |
| – | Mashobra | J | SHARPE 1888 |
| – | Bunkooti | A | SHARPE 1888 |
| – | Fagoo (IX.) | | SHARPE 1888 |
| – | Mahasu | A | SHARPE 1888 |
| 17. | Naini-Tal | B | RIPLEY 1961 |
| 18. | Gandak-Kosi-Wasserscheide (N Katmandu) | As | PROUD 1953 |
| 19. | Darjeeling | A | Coll. Zool. Inst. Leningrad |

# LITERATUR


ALI u. RIPLEY 1974 Handb. Birds India, Pakistan. Bombay-London-New York. 10, 124–126.

BAKER 1926 Fauna British India. London. 3, 102–103.

BAKER 1934 Nidif. Birds Indian Empire. London. 3, 34–35.

BATES u. LOWTHER 1952 Breeding Birds Kashmir. London. 152–153.

COCK u. MARSHALL 1872 Stray Feathers 1, 358.

COMBER 1907 J. Bombay Nat. Hist. Soc. 18, 186.

GAUNTLETT 1972 J. Bombay Nat. Hist. Soc. 69, 604.

JONES 1919 J. Bombay Nat. Hist. Soc. 26, 610.

MAGRATH 1908 J. Bombay Nat. Hist. Soc. 18, 292.

OSBORN 1904 J. Bombay Nat. Hist. Soc. 15, 716.

OSMASTON 1926 J. Bombay Nat. Hist. Soc. 31, 993.

PALUDAN 1959 Vedensk. Medd. Dansk nat. hist. Foren. 122, 320.

PROUD 1953 J. Bombay Nat. Hist. Soc. 51, 667.

RATTRAY 1905 J. Bombay Nat. Hist. Soc. 16, 657–658.

RIPLEY 1961 Synopsis Birds India, Pakistan. Madras. 609.

SHARPE 1888 Catal. Birds. Brit. Mus. London. 12, 44–46.

STOLICZKA 1868 J. Asiat. Soc. Bengal 37, 59.

VAURIE 1949 Amer. Mus. Novit. 1424, 62.

WARDLAW-RAMSAY 1880 Ibis (4) 4, 66.

WHISTLER 1926a J. Bombay Nat. Hist. Soc. 31, 471.

WHISTLER 1926b Ibis (12) 2, 724.

WHISTLER 1930 Ibis (12) 6, 107.

WHISTLER 1945 J. Bombay Nat. Hist. Soc. 45, 113–114.

WHISTLER u. KINNEAR 1949 Popular Handb. Indian Birds. Edinburgh. 218–219.

WHITEHEAD 1909 Ibis (9) 3, 227.

XII

1984

# *Sitta krüperi* Pelzeln

bearbeitet von

I. A. NEUFELDT und K. WUNDERLICH

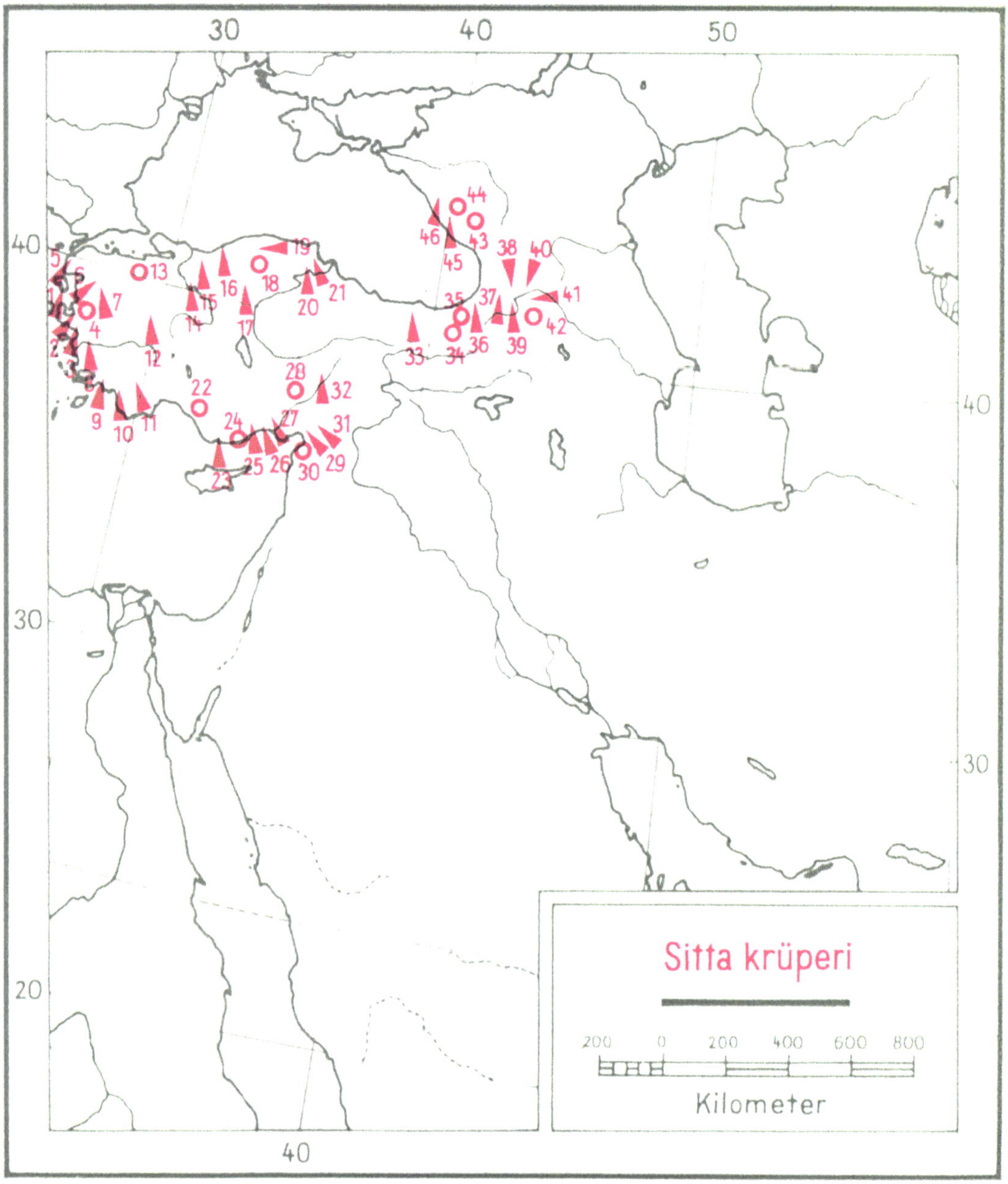


# FUNDORTLISTE

| | | |
|---|---|---|
| 1. Bergwald oberh. Agiassos | BJ | Löhrl 1964 |
| — um Mytilene | BJ | Löhrl 1964 |
| — Höhenzug Lepetimnos u. Olimbos | B | Sonnenschein 1980 |
| 2. bei Smyrna (= Izmir) | BNc | Krüper in Mommsen 1875, Coll. Makatsch |
| — oberh. Nymphion | N | Krüper in Mommsen 1875 |
| — bei Tire | | Kumerloeve 1961 |
| — oberh. Burnova | ABNJ | Krüper 1875 |
| — bei Manisa | | Kumerloeve 1958 |
| — Ödemis | | Kumerloeve 1961 |
| 3. Efes | | Kumerloeve 1961 |
| 4. Jamanlar dagh | B | Danford 1878 |
| — Kasaba (17. VII.) | c | Rokitansky u. Schifter 1971 |
| 5. Raum Ezine | B | Orn. Soc. Turkey 1975 |
| 6. bei Savastepe | s | Kumerloeve 1958 |
| — Soma | | Kumerloeve 1961 |
| 7. Sindirgi | B | Orn. Soc. Turkey 1975 |
| 8. bei Aidin (IX., X.) | | Schrader 1891 |
| 9. Koycegiz | B | Orn. Soc. Turkey 1975 |
| 10. Raum Fethyie | c | Rokitansky u. Schifter 1971 |
| 11. Yesilova | | Kumerloeve 1961 |
| 12. bei Banaz (E Usak), 11. VIII. | | Orn. Soc. Turkey 1978 |
| 13. Uludağ | | Kosswig (in litt.) nach Kumerloeve 1961 |
| 14. Beydili (8. VII., 12. IX.) | c | Rokitansky u. Schifter 1971, Orn. Soc. Turkey 1975 |
| 15. Elemen Jaila (NE-Teil d. Bolu-Dagh), Ende VIII. | A | Rössner 1935 |
| 16. Çatalağzi-Tal (14. IX. u. 24. IV.) | | Ogilvie 1954 |
| — Beycuma | AJ | Maas Geesteranus 1959 |
| 17. Raum Kizilcahamam | As | Orn. Soc. Turkey 1975 |

Im Prinzip wird in allen herangezogenen und zugänglichen Quellen unterstrichen, daß die Art zwar weithin („soweit Hochwald vorhanden" — KUMERLOEVE 1967), jedoch einigermaßen zerstreut und in der Regel nur in beschränkter Kopfzahl vorkomme. In den 2 gegenwärtig auf sowjetischem Territorium bekannten Bruträumen Westabschnitte des Großen und des Kleinen Kaukasus (Adsharo-Imeretinskij u. Arsianskij Geb., nach Osten bis zum Trialetskij Geb.) hält sie sich an den oberen Teil des dunklen Nadelwaldgürtels, ungefähr zwischen 1000 und 2000 m.

KUMMERLÖWE und NIETHAMMER (1934) fanden sie in der hohen Nadelwaldregion Mittel- und Nordpaphlagoniens gegenüber *Parus ater* und *Regulus regulus* weit zurücktretend. Demgegenüber betonen SONNENSCHEIN (1980) und KUMERLOEVE (1970) ihre relative Häufigkeit auf Mytilene und im Mitteltaurus. ROKITANSKY und SCHIFTER (1971) notierten sie als „besonders häufig" in den Kiefernwäldern bei Beydili, Kasaba und im Tiefland von Fethyie, nur ca. 10 km hinter der Küste.

## Oekologie

Die umrissene Habitatpräferenz zielt auf Kiefern-, Fichten-, Tannen-, Zedern- und Wacholderbestände, die mannigfach gemischt sein können (vgl. dazu die wichtigen Anmerkungen KUMERLOEVES 1961, p. 14—22, zur Vegetationsgliederung Kleinasiens, Karte p. 18, und zu den Biotopen samt ihren bezeichnenden Vogelformen). Hier werden die Bindung der Art an den mäßig winterharten Wald bzw. die Übergangszone zwischen der Mediterranregion und dem Trockenwald (700/800 bis ungef. 1100 m), mehr noch an den winterharten Trockenwald bzw. die Bergwaldzone (1100—2200 m) herausgestellt, zugleich auf den fortwährenden Raubbau an den zuletztgenannten Wäldern in Form von starkem Beweiden, Anlegen von Bränden und rigorosem Einschlag hingewiesen. Insofern ist *S. krüperi* existentiell ähnlich, wenn auch wohl vorerst nicht akut gefährdet wie ihre korsischen und nordostalgerischen Verwandten *S. whiteheadi* und *S. ledanti*, deren Zukunft durch die anthropogene Verringerung bzw. Verschlechterung der begrenzten autochthonen humiden Holzpflanzenkappen in den höheren und Hochlagen stark verunsichert worden ist.

KUMMERLÖWE und NIETHAMMER (1934) charakterisierten die bewohnte paphlagonische Waldregion folgendermaßen: „Von etwa 1000—1200 m Höhe ab gewinnen die Nadelwälder die Oberhand. Sie bilden den Hauptteil der Hochwälder und gehen bis etwa 1990 m hoch. Am Aufbau der Ilgaz-Hochwälder sind in erster Linie Tannen (*Abies bornmülleriana*, vielleicht auch *A. nordmanniana*), daneben Fichten (*Picea orientalis*) beteiligt, fast alle, dem Niederschlagsreichtum entsprechend, von Flechten überzogen... Aber auch Kiefern (*Pinus nigra* var. *pallasiana*, wahrscheinlich auch *P. silvestris*) fehlten weder hier noch in tieferen Lagen.

Auch diese Hochwaldregion bot ein durchaus eigenartiges Vogelleben... fast überall wisperten Tannenmeisen (*Parus a. ater*) und Goldhähnchen (*Regulus r. regulus*), denen gegenüber Baumläufer (*Certhia f. familiaris*) und Zwergkleiber (*Sitta canadensis krüperi*) weit zurücktraten."

ROKITANSKY und SCHIFTER (1971) konstatierten meisenartiges Gebaren und hatten Mühe, den Vogel „in den dichten Kronen der Nadelbäume, wo er sich meistens weniger am Stamm als vorwiegend auf den horizontalen Seitenästen, oftmals sogar an deren äußersten Spitzen aufhält", auszumachen. LÖHRL (1965) entdeckte auf Lesbos Bruthöhlen in morschem Holz teils an der Grenze von Kiefernwald in Kastanien. Für den mittleren Taurus gibt KUMERLOEVE (1961) an: „. . . in dichtwüchsigen Baumwacholdern, auch in Kiefern und Tannen". DANFORD (1980) beobachtete im Antitaurus (März) *S. krüperi* mit *P. ater* u. *P. caeruleus* in sehr großen *Juniperus excelsa*, die in den höheren Lagen meist den einzigen baumförmigen Bewuchs bilden. Im Kaukasischen und Teberda-NSG, auf dem Aibho, Lagonaki-Plateau und bei Krasnaja Poljana brütet der Türkenkleiber in Tannen- oder Tannen-Buchenmischwäldern. In Kiefern- und Laubwäldern ist er sommers nur ganz selten anzutreffen (SUSCHKIN 1914; AWERIN, NASIMOWITSCH 1938; WOLTSCHANECKIJ et al. 1962; TKATSCHENKO 1966, BJOME 1975; Coll. Zool. Inst. Leningrad). Im Kleinen Kaukasus lebt er ausschließlich in Fichtenbeständen (WILKONSKIJ 1897, SATUNIN 1907, SHORDANIJA 1962).

Die Fortpflanzungsperiode (Brutbeginn etc.) differiert je nach Höhenlage und den sich daraus ergebenden klimatischen Unterschieden. Interessanten Aufschluß dazu für Mytilene gibt LÖHRL (1965): Am 14. April schon brütende Vögel, andere legten Bruthöhlen an, säuberten und erweiterten solche. In tieferen Lagen war *krüperi* viel seltener, brütete jedoch 2—3 Wochen früher — am 3. Mai flogen unten erste Junge aus, während die zeitigsten Bruten droben am 24. April noch nicht geschlüpft waren. KRÜPER (1875) sammelte im Kiefernwald wenig östlich von Burnova am 9. April 2 ♂♂ „im schönen Frühlingskleide" und am 23. Juni ein ad. ♀ mit großem Brutfleck. Am 13. Mai Nest, in dem Junge gefüttert wurden. Am 18. Mai oberhalb Nymphion „ziemlich frisches" Gelege ausgehoben, ein weiteres bebrütet gefunden. Weit im mittleren Norden (P. 21) beobachteten HERRLINGER und TSCHIRNHAUS (unveröff. fide KUMERLOEVE 1970) 2 Ex., „wohl ein Paar", an der Bruthöhle am 13. Mai. DANFORD (1878) notierte weit im Süden in den unteren Tannenwäldern von Anascha frühesten Nestbau am 6. März, Eiablage in der 1. April-Woche. Kleiber mit Nestern in den höheren und mehr exponierten Regionen des Ala dagh hatten jenen 14 Tage später noch nicht beendet. Etwa 20 Nester am 17. und 18. April entdeckt, meist mit Gelegen, von denen rund die Hälfte bebrütet war. Vollgelege in der Regel mit 7 Eiern.

Brutdaten aus dem Westkaukasus sind spärlich vorhanden. Nester wurden in Baumhöhlen 2—15 m hoch gefunden; die Höhleneingänge waren nicht mit Lehm verkittet worden (WOLTSCHANECKIJ et al. 1962, BJOME 1975). In der Nähe von Krasnaja Poljana gelangen Nestfunde vom 24. April bis zum 9. Mai (BJOME 1975), mit Gelege am 7. Juni (WOLTSCHANECKIJ

NESTEROW 1911a Ann. Mus. Zool. St. Pétersbourg 16, 347.
NESTEROW 1911b Izw. Kawkaz. Muz. 5, 2–3, 126.
OGILVIE 1954 Ibis 96, 87.
Orn. Soc. Turkey 1975 Bird Rep. 3 (1970–1973), 239.
Orn. Soc. Turkey 1978 Bird Rep. 4 (1974–1975), 189.
ROKITANSKY u. SCHIFTER 1971 Ann. Naturhist. Mus. Wien 75, 531.
RÖSSNER 1935 Sitz.-Ber. Akad. Wiss. Wien 144, 303.
SATUNIN 1907 Zap. Kawkaz. otd. Russ. geogr. ob. Tiflis. 26, 3, 38.
SATUNIN 1911 Izw. Kawkaz. Muz. 5, 2–3, 284.
SCHRADER 1891 Orn. Jahrb. II, 187.
SHORDANIJA 1962 Ornitofauna Mal. Kawkaz. Tbilisi. 214–215.
SONNENSCHEIN 1980 Vogelwelt 101, 182, 186.
STEPANJAN 1969 Westn. zoologii 2, 44–45.
STEPANJAN 1978 Sost. i raspred. ptic fauny SSSR. Passeriformes. Moskwa. 262–263.
SUSCHKIN 1914 Orn. westn. 1, 6–7 (Dtsch. Zusammenfassg. p. 34).
TKATSCHENKO 1966 Trudy Teberd. zapow. 6, 198.
VAURIE 1957 Amer. Mus. Novit. 1854, 20–23.
WARNCKE 1964 Vogelwelt 85, 169.
WILKONSKI 1897 Mat. Fauna Flora Ross. 3, 101–102.
WOLTSCHANECKIJ et al. 1962 Trudy Inst. Biol. Charkow Univ. 32,62.

Briefliche Auskunft erteilten: KUMERLOEVE (Türkei), UTSCHICK (Turkei).

# *Sitta krüperi* Pelzeln

Türkenkleiber, Rotbrustkleiber

## Zur Verbreitung

Unser Kartenbild stützt – bei aller Lückenhaftigkeit – die von KUMERLOEVE 1961 und 1970 getroffenen prinzipiellen Feststellungen zur Brutverbreitung der 1863 von KRÜPER bei Smyrna entdeckten reliktären Art (vgl. auch ,,Verwandtschaft und Verbreitung" bei *Sitta ledanti*, Lfg. 11), die von allen anderen Kleibern durch rotbraunes Band über der oberen Brust differiert. Demnach dürfte das hauptsächliche Vorkommen im Taurus liegen, speziell im Mittleren (Kilikischen). Ohne die Zufälligkeiten einstigen und zeitgenössischen Ornithotourismus aus dem Auge zu verlieren: der Eindruck verstärkt sich, daß sich der Verbreitungsraum in weitem Rund um das mittelanatolische Plateau legt und nach Nordosten über die tiefgestaffelten Randgebirge des südöstlichen Schwarzen Meeres in den westlichen Großen Kaukasus, bis knapp 44° N, reicht. Die Ostgrenze ist wenig klar. Diese Peripherie des Areals auf türkischem Gebiet ist nicht sicher zu ermitteln gewesen. Im Kaukasus Brüten im Trialetskij Gebirge, bis Bakuriani (P. 41) nachgewiesen. P. 42 markiert STEPANJANS (1978) mutmaßlichen transkaukasischen Ostrand (mittleres Südgeorgien bei 44° E). Orn. Society of Turkey (1975) hebt in ihrem Bird Rep. (für 1970–1973) hervor, der Kleiber sei in Westanatolien westlich einer Linie Uludag-Sindirgi-Koycegiz ziemlich weit verbreitet. Das Vorkommen werde gegen das Zentralplateau hin nördlich einer Linie Salda Gölü-Beysehir-Gölü-Gebiet unnachweisbar.

Als südöstlichstes, wenn auch abundanzseitig stark zurücktretendes Vorkommen galten längere Zeit die Vorberge des äußeren Osttaurus bei Haruniye (p. 31). HERRN (1966) hat das ,,auffallend" genannt, da demnach die Species von der collinen Stufe bis zur Baumgrenze auftrete. Seine Beobachtung dieses Kleibers im Amanus-Gebirge (P. 29) hat jene (Süd) Grenze bis auf die Ostseite des Golfs von Iskenderun verschoben – neuerliche Bestätigung der alten Feststellungen DANFORDS (1880), der seinerzeit in den ,,evergreen covered hills of Giaour-dagh" *S. krüperi* ,,gemein genug" antraf.

P. 11 läßt vermuten, daß die kilikischen *krüperi*-Populationen und die westanatolischen mehr oder weniger lückenlos miteinander verbunden sind; weiteres Eruieren im Felde bleibt hier nicht minder erwünscht als im denkbaren Bereich der Ostperipherie auf türkischem und sowjetischem Territorium (vgl. oben). Im nördlichen Bergland hängt das Areal offenbar ziemlich zusammen, bis mindestens ins Coruh-Gebiet (P. 35 usw.), siehe auch bei KUMERLOEVE 1961. Allerdings fehlen Angaben, die zwischen E Sinop (P. 21) und jenem Raum die Brücke zu schlagen vermöchten, weitgehend. ,,Auf dem Hochplateau dürften, wenn überhaupt, nur sehr lokal Möglichkeiten vorhanden sein (*Pinus*-Wald bei Beynam ?); weder Ramsay oder K. u. N. (KUMMERLÖWE u. NIETHAMMER – K. W.) noch Wadley oder Maas Geesteranus begegneten ihr hier" (KUMERLOEVE 1961).

Der westlichste Grenzpunkt Mytilene (P.1) ist erst 1960 von WATSON entdeckt worden. LÖHRL (1965) traf die Art im SE-Teil der Insel überall im Kiefernwald zwischen 500 und 700 m Höhe brütend an.

Wohl nördlichstes Brutvorkommen überhaupt befindet sich auf dem Lagonaki-Plateau, NW des Kaukasischen Naturschutzgebiets (Coll. Zool. Inst. Leningrad).

Die horizontale Amplitude der Ansiedlung reicht von küstennahen Hang- und Hügelwäldern bis zur auslaufenden Baumgrenze der hochgelegenen Nadelwaldregion – 500 bis über 2400 m. In tieferen Lagen scheint sie als Brutvogel durchweg zu fehlen.

| | | | |
|---|---|---|---|
| 18. | Ilgaz Dagh | Bc | KUMMERLÖWE u. NIETHAMMER 1934 |
| – | Derekoj (= Dereköÿ) | B | KUMMERLÖWE u. NIETHAMMER 1934, Coll. Zool. Mus. Berlin |
| 19. | Daday | B | KUMMERLÖWE u. NIETHAMMER 1934 |
| – | Kastamonu | B | KUMMERLÖWE u. NIETHAMMER 1934 |
| 20. | N Boyabat | A | Orn. Soc. Turkey 1978 |
| 21. | Küstenwald 50 km E Sinop | B | HERRLINGER u. v. TSCHIRNHAUS fide KUMERLOEVE 1970 |
| 22. | Bergwald d. Mitteltaurus (= Kilikischer Taurus) | BJc | KUMERLOEVE 1958, 1961, 1967, 1970 |
| 23. | bei Anamur (1. IX.) | AJ | UTSCHICK brfl. 1981 |
| 24. | Hang- und Hügelwald zw. Silifke–Uzuncabourg–Gülnar, Mitte VI. | | KUMERLOEVE 1970 |
| – | bei Mut | | VIERHAUS u. BRUCH nach KUMERLOEVE 1970 |
| 25. | Anascha | BN | DANFORD 1878 |
| 26. | um Mersina | s | SCHRADER 1891 |
| 27. | Kiefernwaldzone bei Bürücek | A | KUMERLOEVE 1957, 1961, WARNCKE 1964 |
| – | bei Gülek | c | KUMERLOEVE 1957 |
| 28. | Ala dagh | ABN | DANFORD 1878, Orn. Soc. Turkey 1978 |
| 29. | oberhalb Erzin (Amanus-Gebirge) | A | HERRN 1966 |
| 30. | Giaour-dagh | c | DANFORD 1880 |
| 31. | Vorberge bei Haruniye/Maras | B | HERRN 1966 |
| 32. | bei Saris (ca. 10. III.) | | DANFORD 1880 |
| 33. | bei Torul (= Torut = Ardasa) | A | Orn. Soc. Turkey 1978 |
| 34. | Meschi-Gebirge, Paß zw. Gurii u. Achalcich (VIII.) | c | SATUNIN 1907 |
| 35. | Nadelwaldzone in d. Umgebung v. Grudshan | A | NESTEROW 1911a |
| – | Umgebung Arsijanskij (= Arsijan), 11.–13. VIII. | | NESTEROW 1911b |
| 36. | Kartschchal-Berge (Karcal Daği), 7. VIII. | | SATUNIN 1911 |
| 37. | Bachmaro | A | SHORDANIJA 1962 |
| – | Aufstiegsroute zum Mtiralamta | A | WILKONSKI 1897 |
| – | Arsianskij Gebirge, 9 km E Goderdzi-Paß | A | Coll. Zool. Inst. Leningrad |
| – | Chanli-Paß | A | WILKONSKI 1897 |
| – | Jaila Bazar | A | WILKONSKI 1897 |
| 38. | Zekarskij Paß, Mtamagla | A | SHORDANIJA 1962 |
| – | Ambastuman | A | SHORDANIJA 1962 |
| 39. | Sagrdze | A | SHORDANIJA 1962 |
| 40. | Borshomi | ABc | SATUNIN 1907, Coll. Zool. Inst. Leningrad, SHORDANIJA 1962 |
| 41. | Bakuriani | BNA | SATUNIN 1907, SHORDANIJA 1962 |
| 42. | Dshawachetskij Gebirge | ↓ | STEPANJAN 1978 |
| 43. | Teberda-NSG | B | TKATSCHENKO 1966 |
| – | Dombai | BN | FISCHER u. FISCHER 1976 |
| 44. | Kaukasisches NSG | A | WOLTSCHANECKIJ et al. 1962 |
| – | Fluß Kischa | B | AWERIN, NASIMOWITSCH 1938 |
| – | Pschekisch-Gebirge | B | AWERIN, NASIMOWITSCH 1938 |
| – | Pseaschcho-Paß | A | Coll. Zool. Inst. Leningrad |
| 45. | Krasnaja Poljana u. Umgebung | ABN | WOLTSCHANECKIJ et al. 1962, BJOME 1975, Coll. Zool. Inst. Leningrad |
| – | Berg Ajbga (= Aibho), S Krasnaja Poljana | AJ | SUSCHKIN 1914, WOLTSCHANECKIJ et al. 1962, Coll. Zool. Inst. Leningrad |
| 46. | Lagonaki-Plateau (SW Berg Oschten) | J | Coll. Zool. Inst. Leningrad |

*Anmerkung*

*Zu P. 42:*
Vorkommen noch unbelegt, dennoch von STEPANJAN vermutet.

# LITERATUR


| | |
|---|---|
| AWERIN, NASIMOWITSCH 1938 | Trudy Kawkaz. zapow. 1, 23. |
| BAUER, v. HELVERSEN, HODGE u. MARTENS 1969 | Cat. Faunae Graeciae. II (Aves). Thessaloniki. 135. |
| BJOME 1975 | Pticy gor jushn. Palearktiki. Moskwa. 54. |
| DANFORD 1878 | Ibis 2 (4), 10–12. |
| DANFORD 1880 | Ibis 4 (4), 85. |
| FISCHER und FISCHER 1976 | Beitr. Vogelk. 22, 156. |
| HERRN 1966 | Vogelwarte 23, 306. |
| JORDANIA 1973 | Beitr. Vogelk. 19, 190. |
| KRÜPER 1875 | J. Orn. 23, 273–275. |
| KUMERLOEVE 1957 | Anz. Orn. Ges. Bayern 4, 715. |
| KUMERLOEVE 1958 | Alauda 26, 82–85. |
| KUMERLOEVE 1961 | Bonner Zool. Beitr. 12 (Sh.), 77–78. |
| KUMERLOEVE 1967 | Rev. Fac. Sci. Univ. Istanbul. Ser. b, 32, 113. |
| KUMERLOEVE 1970 | Vogelwelt 91, 141. |
| KUMMERLÖWE u. NIETHAMMER 1934 | J. Orn. 82, 548. |
| LÖHRL 1964 | J. Orn. 105, 166–167. |
| LÖHRL 1965 | Vogelwelt 86, 109. |
| LORENZ 1887 | Beitr. z. Kenntnis Orn. Fauna Nordseite Kaukasus. Moskau. 35. |
| MAAS GEESTERANUS 1959 | Ardea 47, 147. |
| MOMMSEN 1875 | Griechische Jahreszeiten. Schleswig. 212–213. |

et al. 1962), vollflügge Junge am 17. Juni (SUSCHKIN 1914). Bruten auf dem Lagonaki-Plateau mit vollentwickelten Jungen im Nestkleid am 29. Juni (Coll. Zool. Inst. Leningrad). FISCHER u. FISCHER (1976) registrierten bei Dombai am 3. Juni fütternde Altvögel an einer Bruthöhle im oberen Teil eines Baumstumpfes etwa 4 m hoch. Zu Nestanlage und -konstruktion ausführlich bei DANFORD (1878).

### Wanderungen

Stand- und Strichvogel. Die Streifereien außerhalb der Brutzeit gelten vornehmlich dem Erlangen von Koniferensamen, der winterlichen Hauptnahrung. Diese Streifzüge führen zwar selten in ausgesprochen niedrige Lagen, mitunter aber weit — siehe den bemerkenswerten Nachweis (1955) im griechischen Ostmakedonien (Chortiatis bei Saloniki — BAUER et al. 1969). Dabei werden gelegentlich regelrechte Flüge formiert. So beobachtete RÖSSNER (1935) am 27. September in der Umgebung der Elemen-Weidetrift (NE-Teil d. Bolu-Dagh) 15—20 Exemplare, „deren Gebaren mich sehr an das der Sumpfmeisen erinnerte" (l. c.). Fluggemeinschaften, u. a. mit *R. regulus*, *P. ater*, *Phylloscopus nitidus*, *C. familiaris*, sind allenthalben registriert worden.

Von den kaukasischen Rotbrustkleibern bleiben winters viele in der Nähe der hochliegenden Bruträume, steigen lediglich in die montanen Laubwälder herab, in denen sie im Sommer außerordentlich selten sind (AWERIN, NASIMOWITSCH 1938; WOLTSCHANECKIJ et al. 1962). Indessen vollführt ein nicht geringer Teil regulär saisonale vertikale Wanderungen und kommt derart in die Vorberge herunter und bis an die Küste. So kann die Art zwischen Loo und Adler, wo dichte Laubwälder kolchischen Typs mit viel eingesprengtem Nadelholz (bes. Kiefern) anstehen, im Januar und Februar angetroffen werden. Die Vögel neigen offensichtlich dazu, sich in Kiefernanpflanzungen aufzuhalten. So sind sie im winterlichen „Dendropark" (Arboretum) von Sotschi gewöhnlich (STEPANJAN 1969). Bekannt wurden auch weiter ausgedehnte Streifzüge — am 24. Oktober 1 Ex. bei Kislowodsk (LORENZ 1887).

XII

1984

# *Parus major* L.

bearbeitet von

L. A. PORTENKO und K. WUNDERLICH

| | | | |
|---|---|---|---|
| 130. | Tedshen | A | Stresemann 1928 |
| 131. | Pol-e-Sefid | AJ | Paludan 1940 |
| 132. | Teheran | A | Meiklejohn 1948, Schüz 1957 |
| 133. | Kohrud, S Kashan | Ac | Erard u. Etchécopar 1970 |
| 134. | Niriz (2. VI.) | ↓ | Erard u. Etchécopar 1970 |
| 135. | Shiráz | AJc | Blanford 1876 |
| — | Shiráz lake (8. VI.) | | Blanford 1876 |
| — | Bandamir valley, NW Shiráz | A | Blanford 1876 |
| — | Maharloo | AJ | Erard u. Etchécopar 1970 |
| 136. | Paß oberhalb Dinar (Fars) | AJ | Witherby 1903 |
| 137. | bei Dizful (III.) | | Ticehurst et al. 1923 |
| — | bei Shush | A | Ticehurst et al. 1923 |
| 138. | Chamchid | AcJ | Paludan 1938 |
| — | Bishe-Porem | AcJ | Paludan 1938 |
| 139. | bei Penjwin | c | Moore u. Boswell 1956 |
| 140. | Rowanduz-Schlucht | A | Moore u. Boswell 1956 |
| — | Diana | A | Moore u. Boswell 1956 |
| — | von Salahudin bis Rowanduz-Schlucht (X.) | c | Johnson 1958 |
| 141. | Ser Amadia distr. | BcJ | Chapman u. Mc Geogh 1956, Mc Geogh 1963 |
| — | Tal zwischen Amadia u. Harik | Ac | Moore u. Boswell 1956 |
| 142. | Dohuk (16. VI.) | c | Ticehurst et al. 1926, Allouse 1953 |
| 143. | Osmaniye | B | Kumerloeve 1961 |
| — | Haruniye | AJ | Kumerloeve 1961 |
| 144. | bei Aleppo (= Halep) | B | Clarke 1924 |
| 145. | bei Zachle (= Zahle) | G | Meinertzhagen 1935 |
| 146. | mediterranes Palästina u. angrenzendes Transjordanland | Bc | Hartert u. Steinbacher 1932, Bodenheimer 1935 |
| — | Raum Jerusalem | a | Sheppard 1933, Heinze 1981 |
| — | Judäa-Hochland | c | Meinertzhagen 1920 |
| — | Tel-Aviv (15. I.) | A | Garry 1962 |
| — | bei Ramleh (= Ramla) | J | Meinertzhagen 1920 |
| — | Netanya (19. III.) | A | Herroelen 1966 |
| — | Lago Tibariade | B | Heinze 1981 |
| — | Karmel | B | Heinze 1981 |
| 147. | Askalon (= Ashqelon) | A | Meinertzhagen 1920 |
| 148. | Beirut | Ac | Schrader fide Weigold 1912/13, Flach 1959 |
| — | Saida | A | Flach 1959 |
| 149. | Zypern, u. a. | Bc | Bannerman u. Bannerman 1958 |
| — | Northern Range | B | Mc Geogh fide Bannerman u.. Bannerman 1958 |
| — | Troödos | N | Horsbrugh fide Bannerman u. Bannerman 1958 |
| 150. | Kreta | ABJ | Meinertzhagen 1921, Klokkenhoff u. Krapp 1977 |
| 151. | Sizilien | Bc | Krampitz 1956 |
| — | Ätna (= Etna) | A | Krampitz 1956 |
| 152. | Nordteil d. Mogod-Gebirges | A | Heim de Balsac u. Mayaud 1962 |
| 153. | Kroumirie | A | Heim de Balsac u. Mayaud 1962 |
| 154. | Djebel Aurès | A | Heim de Balsac u. Mayaud 1962 |
| | Batna | A | Heim de Balsac u. Mayaud 1962 |
| — | Lambese | A | Heim de Balsac u. Mayaud 1962 |
| 155. | bei Djelfa (X.) | A | Heim de Balsac u. Mayaud 1962 |
| 156. | bei Harmela | A | Makatsch 1957 |
| 157. | Figuig (19. IV.) | | Heim de Balsac u. Mayaud 1962 |
| 158. | Oued Ziz S Ksar es Souk in Dadei bei Boulmane (II.) | | Smith 1965 |
| 159. | Raum Azilal | A | Lynes fide Heim de Balsac u. Mayaud 1962 |
| 160. | N'Fis-Tal (23. III.) | | Bannerman u. Bannerman 1953 |
| — | Tizi-N'Test | A | Heim de Balsac u. Mayaud 1962 |
| — | bei Azni (22. II.) | | Bannerman u. Priestley 1952, Bannerman u. Bannerman 1953 |
| — | Asselda | A | Heim de Balsac u. Mayaud 1962 |

*Anmerkungen*

*Zu P. 23:*

Die Besiedlung der gegenüberliegenden Äußeren Hebriden hat erst neuerdings stattgefunden: im Waldgebiet bei Stornoway (Sharrock 1976) — auf unserer Karte noch nicht verzeichnet.

*Zu P. 46:*

Portenko vermutet, daß *P. major* im Uda-Tal brütet, da die Meise im nahen Muj-Tal brütend angetroffen wurde. In jedem Falle ist sie in diesem Bergland selten.

*Zu P. 67 u. 68:*

Der Status ist unsicher. Der Fundort Horisha gründet sich auf ein wanderndes Stück aus dem Januar 1920. Hachisuka und Udagawa (1951) heben hervor, daß die Naturgeschichte von *P. m. commixtus* auf Taiwan nahezu unbekannt ist.

*Zu P. 77:*

*P. m. sarawacensis* — „the mystery bird of Borneo" (Smythies 1960). Wenige Exemplare wurden vor 1885 südlich von Bau (Tegora u. Bungal Hills = Bengo Range) gesammelt (Slater 1885). Nicht wieder aufgefunden worden bis zum 10. Dezember 1956, als Allen ein Paar in der Mangrovenzone bei Pending, also kaum 40 km N der alten Fundorte, ausmachen konnte. 2 Tage darauf wurde 1 Vogel für das Sarawak-Museum erbeutet (vgl. Smythies 1960, auch Bruce 1975).

*Zu P. 78:*

Der südöstlichste Vorposten der Art, zugleich unbestätigt seit Jahrzehnten. Forbes hatte sie 1885 als „nicht ungewöhnlich" aus Portugiesisch Timor geschildert, Das Dores einen Balg an das Lissaboner Museum gesendet (vgl. Hellmayr 1914). Bruce, derzeit wohl bester Kenner der Timor-Ornis, publizierte 1975 in Anlehnung an Hellmayr: „*P. m. cinereus* wird von Java bis zu den benachbarten Inseln Alor und Sumba genannt (Snow 1967: 107). Obwohl letztere die Ostgrenze einer Anzahl asiatischer Genera bilden, z. B. für *Dendrocopos*, *Rhinomyias*, *Terpsiphone*, *Anthreptes* und *Gracula*, sollte die Möglichkeit des Vorkommens von *Parus* auf Timor nicht gänzlich ausgeschlossen werden. Falls es existiert, ist es vermutlich gering und örtlich begrenzt."

*Zu P. 134:*

Beobachtungen von Desfayes u. Praz (1978) lassen allerdings die Vermutung zu, daß die Peripherie des Vorkommens im Südiran erst ca. 350 km weiter östlich von Niriz sein könnte. Beide Gewährsleute registrierten adulte Kohlmeisen nahe Deh Bakri auf 2200 m im Mai und Juni 1975, also während der Brutzeit.

# LITERATUR


ALI u. RIPLEY 1973 — Birds of India and Pakistan. 9. Bombay-London-New York. 165–172.
ALLOUSE 1953 — Iraq Nat. Hist. Mus. Publ. 3, 99.
AUSTIN u. KURODA 1953 — Bull. Mus. Comp. Zool. Harvard 109, 51 '.
VAN BALEN 1967 — Ardea 55, 1–59.
VAN BALEN 1973 — Ardea 61, 1–93.
BANNERMAN u. BANNERMAN 1953 — Ibis 95, 137.
BANNERMAN u. BANNERMAN 1958 — Birds of Cyprus. Edinburgh-London. 66–67.
BANNERMAN u. PRIESTLEY 1952 — Ibis 94, 426, 430.
BARTELS 1906 — J. Orn. 54, 403.
BATES u. LOWTHER 1952 — Breeding Birds of Kashmir. London. 21–22.
BAXTER u. RINTOUL 1953 — Birds of Scotland. Edinburgh-London. 125–126.
BERGMAN 1935 — Zur Kenntnis nordostasiat. Vögel. Stockholm. 188–189.
BERGMAN 1980 — Ornis fennica 57, 97–111.
BERG-SCHLOSSER 1980 — Verh. Orn. Ges. Bayern 23, 354.
BERNDT u. HENSS 1967 — Vogelwarte 24, 17–37.
BLAGOSKLONOW 1960 — Trudy Kandalak. zapow. 2, 90, 102.
BLANFORD 1876 — Eastern Persia. London. 227–228.
BODENHEIMER 1935 — Animal life in Palestine. Jerusalem. 151, 160.
BONGIORNO 1982 — Ibis 124, 10.
BRUCE 1975 — Bull. Brit. Orn. Club 95, 118.
CHAPMAN u. MCGEOGH 1956 — Ibis 98, 589.
CHASEN 1935 — Handb. of Malaysian Birds. Singapore. 261–262.
Check-List Japan. Birds 1975 — Tokyo. 286–287.
CHENG 1976 — Distrib. List Chines. Birds. Rev. Ed. Peking. 818–820.
CLARKE 1924 — Ibis 6 (11), 102.
CRAMP 1963 — Brit. Birds 56, 237–263.
CURRY-LINDAHL 1963 — Våra Fåglar i Norden. Stockholm. 1622.
DA SILVA REIS 1979–1980 — Cyanopica 2, 112.
DAVISON 1883 — Stray Feathers 10, 398.
DEIGNAN 1945 — Birds of Northern Thailand. Washington. 311–312.
DEIGNAN 1963 — Checklist Birds Thailand. Washington. 132.
DELACOUR u. JABOUILLE 1925 — Ibis 1 (12), 254.
DELACOUR u. JABOUILLE 1940 — L'Oiseau 10, 199.
DELACOUR u. VAURIE 1950 — L'Oiseau 20, 90–121.
DESFAYES u. PRAZ 1978 — Bonner Zool. Beitr. 29, 29.
DIESSELHORST 1968 — Khumbu Himal. Innsbruck-München. 341.
DMOCHOWSKIJ 1933 — Bull. Mosk. Ob. Ispyt. Prirody. Otd. biol., 42, 236.
DOS SANTOS Jr. 1978–1979 — Cyanopica 2, 120.
ECK 1977 — Beitr. Vogelkd. 23, 196 – 197.
ECK 1980 — Falke 27, 385–392.
ECK u. PIECHOCKI 1977 — Ann. Orn. 1, 127–136.
EGUCHI 1980 — J. Yamashina Inst. 12, 68–78. Res. Popul. Ecol. 22, 284–300.
ERARD u. ETCHÉCOPAR 1970 — Mém. Mus. Hist. Nat. 66, 108–109.
FLACH 1959 — Fauna och Flora. 173.
FORBES 1885 — Wanderings in the Eastern Archipelago. London. 459.
GAGINA 1960 — Izw. Irkut. selskochoz. Inst. 18, 235.
GARRY 1962 — L'Oiseau 32, 270.
GIBB 1950 — Ibis 92, 507–539.
GIZENKO 1955 — Pticy Sachalinsk. obl. Moskwa. 266.
GLENISTER 1959 — Birds of Malay Peninsula, Singapore and Penang. London-New York-Toronto. 194.
GORDEJEW 1963 — Ornitologija 6, 470.
GORDEJEW 1965 — Ornitologija 7, 467.
HACHISUKA u. UDAGAWA 1951 — Quart. J. Taiwan Mus. 4, 24.
HAFTORN 1950 — Norsk Zool. Foren. Tidsskr. ,,Fauna" 4, 121–139.
HAFTORN 1981 — Ornis Scandinavica 12, 169–185.
HARTERT 1905 — Novit. Zool. 12, 499.
HARTERT 1910 — Novit. Zool. 17, 242.
HARTERT u. JOURDAIN 1923 — Novit. Zool. 30, 101.
HARTERT u. STEINBACHER 1932 — D. Vögel d. paläarkt. Fauna. Erg.-Bd., Berlin. 175.
HARVEY, GREENWOOD u. PERRINS 1979 — J. Anim. Ecol. 48, 305–313.
HEIM DE BALSAC u. MAYAUD 1962 — Oiseaux Nord-Ouest l'Afrique. Paris. 353–354.
HEINZE 1981 — Gli Uccelli d'Italia 6, 251.
HELLMAYR 1914 — Avifauna von Timor. Stuttgart. 40.
HEINRICH 1928 — J. Orn. 76, 366–367.
HENRY 1971 — Birds of Ceylon. London-New York-Melbourne. 5–6.
HERROELEN 1966 — Gerfaut 56, 173.
HINDE 1952 — Behaviour, Suppl. II, 1–201.
HIRALDO 1973 — Ardeola 19, 35–36.
HOLMES u. WRIGHT 1969 — J. Bombay Nat. Hist. Soc. 66, 25.
HOOGERWERF 1948 — Treubia 19, 134.
HOOGERWERF 1950 — Limosa 23, 125–126, 252–253.
INGRAM 1908 — Ibis 2 (9), 147.
IZMAJLOW u. CHANKASAJEW 1959 — Izw. Irkutsk. selskochoz. Inst. 18, 216.
JAHN 1942 — J. Orn. 90, 115–116.
JOHANSEN 1944 — J. Orn. 92, 174–175.
JOHNSON 1958 — Iraq Nat. Hist. Mus. Publ. 16, 22.
VON JORDANS 1970 — Zool. Abh. Mus. Tierk. Dresden 31, 205–225.
KARTASCHEW 1963 — Ornitologija 6, 31.
KENNEDY et al. 1954 — Birds of Ireland. Edinburgh-London. 325–326.
KINNEAR u. ROBINSON 1927 — Bull. Brit. Orn. Club 47, 130.
KISCHTSCHINSKIJ 1960 — Trudy Kandalak. zapow. 2, 186.
KISTJAKOWSKIJ u. SMOGORSHEWSKIJ 1964 — Biol. nauki 3, 29.
KLOCKENHOFF u. KRAPP 1977 — Bonner Zool. Beitr. 28, 358.
KLUIVER 1951 — Ardea 39, 1–135.
KOELZ 1939 — Proc. Biol. Soc. Washington 52, 61–63.
KRAMPITZ 1956 — J. Orn. 97, 320.
KUMERLOEVE 1961 — Bonner Zool. Beitr. 12 (Sh.), 79–80.
KURODA 1930 — Tori 6, 75, 102.
LA TOUCHE 1923 — Bull. Brit. Orn. Club 43, 104.
LA TOUCHE 1925–1930 — Birds Eastern China. I. London. 24 – 25, 475–476.
LEDANT, JACOB, JACOBS, MALHER, OCHANDO, u. ROCHÉ 1981 — Gerfaut 71, 375.
LEONOWITSCH 1981 — Ornitologija 16, 155.
LINKOLA 1961 — Ornis fennica 38, 127–133.
LÖHRL 1978 — Orn. Mitt. 30, 47–50.
LØVENSKIOLD 1947 — Handbok Norges fugler. Oslo.
MAKATSCH 1957 — Vogelwelt 78, 26.

Mayr 1944 Bull. Amer. Mus. Nat. Hist. 83, 143.
McGeogh 1963 Ardea 51, 247.
Meiklejohn 1948 Ibis 90, 81.
Meinertzhagen 1920 Ibis 2 (11), 213.
Meinertzhagen 1921 Ibis 3 (11), 131.
Meinertzhagen 1935 Ibis 5 (13), 129.
Merikallio 1958 Finnish Birds. 148.
Meyer de Schauensee 1946 Not. Nat. 169.
Middendorff 1853 Reise in d. äußersten Norden u. Osten Sibiriens. II. Zool. 2, 154.
Mistschenko 1982 Vestn. Zool. Inst. Kiew, 35—42.
Momiyama 1927 Annot. Orn. Orient 1, 26.
Moore u. Boswell 1956 Iraq Nat. Hist. Mus. 10, 167.
Ogilvie-Grant 1905 Fasc. Malayenses 3, 77.
Paludan 1938 J. Orn. 86, 603.
Paludan 1940 Dan. Sci. Invest. Iran II. Copenhagen. 42.
Paludan 1959 Vidensk. Medd. Dansk. Naturhist. Foren. København 122, 245—246.
Paynter 1962 J. Bombay Nat. Hist. Soc. 59, 952.
Perrins 1965 J. Anim. Ecol. 34, 601—647.
Quick 1964 Birds of Scilly Isles. Truro-Cornwall. 65.
Reeb 1977 Alauda 45, 315.
Rendahl 1959 Bonner Zool. Beitr. 10, 351—386.
Rensch 1931 Mitt. Zool. Mus. Berlin 17, 585—586.
Rezcow 1904 Mat. fauny i flory Ross. Imp. 6, 195.
Robinson u. Kloss 1918 J. Fed. Malay States Mus. 8, 226.
Robinson u. Kloss 1924 Treubia 5, 292.
Royama 1966 Ibis 108, 313—347.
Scalon u. Sludsky 1936 Gerfaut 1, 44.
Schaanning 1916 Norges Fuglefauna. Kristiania. 37—38.
Schäfer 1938 J. Orn. 86 (Sh.), 280.
Schüz 1957 Vogelwelt 78, 76.
Sewastjanow 1962 Ornitologija 5, 86.
Sharrock 1976 Atlas Breeding Birds Britain and Ireland. Calton. 306—307.
Sheppard 1933 Auk 50, 181.
Slater 1885 Ibis 3 (5), 121—123.
Smith 1965 Ibis 107, 523.
Smogorshewskij 1966 Biol. nauki 2, 30.
Smythies 1953 Birds of Burma. Edinburgh-London. 12.
Smythies 1960 Birds of Borneo. Edinburgh-London. 459—460.
Snow 1952 Ibis 94, 133—144.
Snow 1954 Ibis 96, 565—585.
Snow 1967 Peters' Check-List Birds of the World. XII, 104—111.
Sody 1956 Indones. J. Nat. Sci. 112, 10.
Sokolow 1941 Ornitofauna bassejna r. Suchony. Manuskr., 144.
Stepanjan 1978 Sost. i raspred. ptic fauny SSSR. Passerif., Moskwa. 253—256.
Swinhoe 1868 Ibis 4, 64.
Tait 1924 Birds of Portugal. High Holborn. 65—66.
Taylor 1953 Sterna 10, 21.
Teplowa 1957 Trudy Petschoro-Ilytschsk. zapow. 6, 91.
Ticehurst 1926—1927 J. Bombay Nat. Hist. Soc. 31, 693.
Ticehurst et al. 1923 J. Bombay Nat. Hist. Soc. 28, 246.
Tkatschenko 1937 Izw. Irkutsk. nautschn. mus. 2 (57), 160.
Ulfstrand 1962 Fågelvärld, Suppl. 3, 1—145.
Valverde 1958 Brit. Birds 51, 10.
Vauk 1959 Vogelwarte 20, 124—127.
Vaurie 1957 Amer. Mus. Novit. 1852, 28—34.
Vaurie 1959 Birds palearctic Fauna. Passerif. London. 509—516.
Verheijen 1964 Ardea 52, 196, 200.
Vielliard 1969 Alauda 37, 292.
Voous 1965 Vogelwelt Europas. Hamburg-Berlin. 231.
Wait 1925 Man. Birds Ceylon. Ceylon-London. 37—38.
Watson 1957 Sterna 2, 86.
Weigold 1912/1913 J. Orn. 60, 380.
Whistler 1926 J. Bombay Nat. Hist. Soc. 31, 460.
Whitely 1867 Ibis 3, 198.
Winkel 1970 J. Orn. 111, 154—174.
Winkler 1974 Orn. Beob. 71, 135—152.
Witherby 1903 Ibis 3 (8), 530.
Witherby et al. 1965 Handb. Brit. Birds. I. London. 246—250.
Wladimirskaja 1948 Trudy Laplandsk. zapow. 3, 231.
Worobiev 1937 L'Oiseau 7, 26.
Yeatman 1976 Atlas ois. nich. de France de 1970 à 1975. Paris. 222.


# *Parus major* L.

Kohlmeise

## Verbreitung und Gliederung

Polytypisch. Von paläarktischem Faunentyp, transpaläarktisch und orientalisch, über alle Klimazonen, ausgenommen Tundren und Wüsten, verbreitet. Entsprechend bleiben große Teile des umrissenen Areals, so Turkestans und Zentralasiens, unbewohnt [siehe die Gesamtdarstellungen bei Delacour und Vaurie 1950, auch die Spezialkarten von Ali und Ripley 1973 (Indien) und Cheng 1976 (China)]. Nach Voous 1965) liegen die Verbreitungsgrenzen zwischen den Juli-Isothermen von 12—14 °C im Norden und 32 °C und mehr im Süden.

Unsere Karte verdeutlicht Schwierigkeiten der Grenzziehung an der SE-Peripherie des Areals. Für sie und besonders für die teils seit Jahrzehnten vagen Außenposten der Art an der Schwelle des indopazifischen Raums (Taiwan, Sarawak, Timor — vgl. Anmerkungen) bleibt die Bekanntgabe weiterer und neuerlich bestätigender Fundorte dringend erwünscht.

In Burma (wahrscheinlich mit Ausnahme von Teilen Tenasserims), in Thailand und Indochina ist *P. major* Brutvogel überwiegend in bewaldeten Höhenlagen. Kampuchea scheint unbesiedelt.

Bei einem quasi Allerweltsvogel wie der Kohlmeise mit derart riesigem Areal und unschätzbar großer Kopfgesamtzahl sind regional u. a. witterungsbedingte Ausbreitungs- bzw. Rückzugsbewegungen zu erwarten. Die Nordperipherie läßt solche Unsicherheiten in der Dokumentierung erkennen. Insofern sind wir dankbar für jeden Hinweis, der unsere dort vermuteten Grenzverläufe zu stützen vermöchte. Im maritim getönten Nordwesten des Areals brütet *P. major* bis 67° N, mit dem klimatischen Kontinentalerwerden ostwärts sinkt der Nordrand des Brutgebiets bis auf rund 55° N ab (vgl. aber auch STEPANJAN 1978, p. 253(.

Was die geographische Variation betrifft, so werden die Populationen herkömmlich in drei unterschiedlich gefärbten und proportionierten, auch stimmlich differierenden Unterartengruppen zusammengefaßt (vgl. VAURIE 1959): Die nominate *major*-Gruppe (NW-Afrika, Europa, Sibirien, Mongolei), die *minor*-Gruppe in Ostasien, die *cinereus*-Gruppe in Süd- und Südostasien. Diskutiert wird, ob *P. bokharensis* konspezifisch sei, insofern als vierte Subspeziesgruppe, als *bokharensis*-Sektor (Transkaspien bis Dsungarei), vertreten werden muß. VAURIE (1957, p. 33) vermutet, daß *bokharensis* Artniveau erreicht habe, und empfindet es, in Übereinstimmung mit MAYR, als konstruktiver, *major* und *bokharensis* für gesonderte Arten zu halten. „Weiteres Sammeln und vor allem Feldstudien sind notwendig, diese Frage zu entscheiden“ (l. c.).

ECK (1980) vertritt die Konspezifität von *bokharensis*. In jener Reihenfolge — *major, minor, cinereus, bokharensis* — präsentieren sich die vier Subspeziesgruppen in Umbildungsstufen, die voneinander morphologisch abhängig sind; vgl. dazu die allmähliche Reduzierung der dorsalen und ventralen Lipochromverteilung (grün-gelb) im Jugend- und Altersstadium und der dazu parallel laufende quantitative Wandel der weißen Schwanzzeichnung (ECK 1980, p. 388). Jene Gruppen bzw. Sektoren schließen einander geographisch aus und bedingen einander morphologisch. ECK schlußfolgert: „Die Kohlmeisen bieten somit das Bild einer ganz normalen polytypischen Spezies, die sich in Subspeziesgruppen (Sektoren) gliedert, an deren superiore Merkmalsebenen die weiteren Subspeziesunterschiede jeweils gebunden sind. In den Kontaktgebieten zwischen den Sektoren (vgl. ECKs Karte p. 390 — K. W.) kommt es trotz (nach unserem Ermessen) starker Unterschiede zur Vermischung, deren zeitlich schwankendes Ausmaß noch genauer untersucht werden sollte — von dem allein aber die Konspezifität dieser Formengruppen nicht abhängig ist.“

Auch mit Bezug auf den biologischen Artbegriff ist es nicht zwingend, *Parus major* in vier Arten aufzulösen = *P. major* s. str., *P. minor*, *P. cinereus*, *P. bokharensis* — wie es gegenwärtig auch geschieht. MISTSCHENKO (1982) hat zumindest den endgültigen Beweis für Parapatrie zwischen *major* und *bokharensis* nicht erbracht. Hier wirkt eine typologische Artauffassung nach, die das Verständnis intraspezifischer Evolution nicht eben erleichtert.

In der subspezifischen Gliederung folgen wir SNOW (1967):

*Parus m. major* L. — im kontinentalen Europa, Kleinasien, Kaukasus, Transkaukasien und Aserbaidshan, in Sibirien ostwärts bis zum Baikal, südöstlich bis zum Altai und zu den Sajanen.

*P. m. newtoni* Pražák — auf den Britischen Inseln.

*P. m. excelsus* Buvry — in Nordwestafrika.

*P. m. corsus* Kleinschmidt — Korsika und Sardinien.

*P. m. aphrodite* Madarász — auf den Balearen, Kreta, in Südgriechenland und auf Zypern.

*P. m. terraesanctae* Hartert — Israel, Jordanien, Libanon und Syrien.

*P. m. blanfordi* Pražák — in Kurdistan, Nordmesopotamien und Iran mit Ausnahme Aserbaidshans und der südkaspischen Küstenregion.

*P. m. karelini* Zarudny — iranische Südkaspizone.

*P. m. intermedius* Zarudny — in Khorasan und südwestlichem Transkaspien, östlich bis Seraks, südlich bis ins iranische Belutschistan.

*P. m. kapustini* Portenko — im Dshungarischen Alatau, Tarbagatai, Mongolischen Altai und in der Nordmongolei. Nach Osten über Transbaikalien zum Ochotskischen Meer.

*P. m. caschmirensis* Hartert — North West Frontier Province, Kaschmir, Nordpandschab.

*P. m. decolorans* Koelz — in Ostafghanistan.

*P. m. ziaratensis* Whistler — Nordbelutschistan und Südafghanistan.

*P. m. mahrattarum* Hartert — gebirgiges Südindien und Sri Lanka.

*P. m. stupae* Koelz — Zentral- und Westindien.

*P. m. nipalensis* Hodgson — Nepal, Nordindien, Zentral- und Westburma.

*P. m. vauriei* Ripley — in Assam.

*P. m. templorum* de Schauensee — West- und Zentralthailand, Niederlaos, Südannam und oberes Cochinchina.

*P. m. cinereus* Vieillot — auf Java und den Kleinen Sundainseln, östlich bis Sumba und Alor (vgl. Anm. zu P. 78).

*P. m. ambiguus* (Raffles) — Küstenbezirke von Südtenasserim, der Malayischen Halbinsel (inkl. Penang), Sumatra.

*P. m. sarawacensis* Slater — Westsarawak.

*P. m. hainanus* Hartert — auf Hainan.

*P. m. nigriloris* Hellmayr — auf Ishigaki, Iriomote (Süd-Riukius).

*P. m. commixtus* Swinhoe — Taiwan (vgl. Anm. zu P. 67 u. 68). Südchina, vom Jangtse bis zu den Gebirgen Szetschuans und Jünnans, südwärts bis Tonking und Annam.

*P. m. okinawae* Hartert — auf Okinawa und Jaguchishima (Zentrale Riukius).

*P. m. amamiensis* Kleinschmidt — Amami-Oshima und Tokunoshima (Nord-Riukius).

*P. m. kagoshimae* Taka-Tsukasa — Südkyushu und Goto-Inseln.

*P. m. dageletensis* Kuroda et Mori — auf Ullung-do (Dagelet-Insel).

*P. m. minor* Temminck et Schlegel — in Japan und dem festländischen Ostasien, im Norden von Amur und Ussuri nach

Nordkansu, im Süden bis zum Jangtse, im Westen bis zu den Gebirgen Westszetschuans, Osttibets und Jünnans. Streift wahrscheinlich bis nach Sachalin.

*P. m. tibetanus* Hartert — Tibet, Südwestchina (Westszetschuan und Nordwestjünnan), Nordburma, Bhutan und Sikkim, in großer Höhe.

*P. m. nubicolus* de Schauensee — in Ostburma, Nordthailand und Nordwestindochina.

Gemäß evolutiver Radiation im Sinne Ecks (siehe oben) dann:

*P. m. bokharensis* Lichtenstein — in Russisch und Afghanisch Turkestan, nach Norden bis ins Semiretschje und zum Syr Darja-Mittellauf, nach Westen zum mittleren Amu Darja, südwärts bis zum Rand Khorasans, des Paropamisus und Nordostafghanistans.

*P. m. dzungaricus* Zarudny et Bilkewitsch (vgl. Eck 1977) — Dshungarei, nördlich bis zum Urungu, nach Süden zum Tjanschan.

Von Jordans (1970) hat in seiner Revision der westpaläarktischen Unterarten von *P. major* u. a. anhand des Rückgangs der ventralen Gelbfärbung im Süden der westlichen Paläarktis die Kohlmeisen Sardiniens als *P. m. ecki* Jordans, die der Balearen als *P. m. mallorcae* Jordans (bereits 1913 beschrieben), die Süditaliens, des Peloponnes, Attikas, Thraziens und Zyperns als *P. m. aphrodite* Madarasz, und die Kretas als *P. m. niethammeri* nomenklatorisch abgetrennt.

Die vertikale Verbreitung reicht von den subarktischen Küstenebenen und subtropisch-tropischen Tiefländern über Hügelland, gemäßigte Montanstufen der Gebirge bis zur oberen Waldgrenze in subalpinen Regionen. Paläarktische Höchstangaben: Nuristan 2600 m, Kaschmir (lokal) 2400 m, Nepal (örtlich) bis 2700 m, Chitral und Ladakh bis 3600 m, SE-Tibet bis 3800 m, Jünnan bis 4300 m.

### Oekologie

*P. major* ist vorwiegend Laubwaldmeise und bewohnt eine Fülle bewaldeten, bebuschten und relativ offenen Geländes, Mischwälder, seltener reines Nadelholz und wenn, so mehr dessen Randlagen. Dunkle Fichtentaiga wird gemieden. Häufig in vielerlei Kulturland, wo Baum- und Heckenbewuchs vorhanden — Parks, Gärten jeder Größe, Alleen, Feldgehölze, Korkeichensavanne, Olivenhaine, Obstplantagen, Eichenwald mediterranen Typs, humide Subtropen- und tropische Trokkenwälder. In den asiatischen Tropen runden landwärtige Mangrovensäume, Bambus und montane Kiefernwälder das vielfältige Bild der Habitatwahl ab. Zur Variation dieser Präferenz bei afrikanischen, eurasiatischen und fernöstlichen Kohlmeisen, auch vergleichend zu *P. caeruleus*, hat sich Snow (1954) ausführlicher geäußert, siehe dort (p. 571—573).

Im arktischen Norwegen erscheint *P. major* bei 70° N in den nördlichsten Birkenwäldchen (Taylor 1953).

In Westsibirien ist sie „ein Vogel lichter Wälder, parkartiger Laubgehölze und Auenwaldungen; die dichte Nadelwaldtaiga meidet sie. Daher sind ihre Hauptverbreitungsgebiete in Westsibirien der Südrand der Taiga und die Waldsteppe. Längs den breiten Flußtälern ist sie aber tief in die Taiga eingedrungen und wurde hier zur Brutzeit, wenn auch selten, bis etwa zum 61.° angetroffen.

Im Steppengebiet geht sie nach Süden, soweit die Birkenwaldinseln reichen, und kommt auch in den meisten intrazonalen Kiefernwäldern vor. Besonders gern nistet sie in den Galeriewäldern und Buschdickichten am Irtysch, und längs diesem erreicht sie auch die Saissansenke, wo sie nach Chachlow häufig ist. In den Bergwäldern des Salair, Kusnezker Alatau und Altai ist sie in den lichteren Randteilen nicht selten. Doch ist sie vorwiegend Niederungsvogel und geht selten über 100 m Höhe in die Berge“ (Johansen 1944).

Den Status in Japan charakterisiert Jahn (1942) treffend (vgl. dazu Check-List Japan. Birds 1975) dahingehend: Fehlt in keinem Teile Japans. Bei weitem die häufigste Meise des Inselreiches. Besonders gemein in den subtropischen immergrünen Laubwäldern, fehlt ebensowenig in den trockenen Kiefernwäldern wie in der montanen Mischwaldzone der Mittelgebirge, geht noch weit in die subalpine Nadelholzzone hinauf. Bis 2200 m in den Alpen. Ganz besonders hohe Siedlungsdichte in alten Tempelwäldern mit immergrünen hohlen *Pasania*-Bäumen, wo sie der häufigste Vogel zu allen Jahreszeiten ist. Wo Nistkästen ausgehängt werden, wie das in einigen Wäldern, meist Tempelhainen, der Fall ist, werden sie fast hundertprozentig von *P. major* bezogen.

Auf der Malayischen Halbinsel in den Küstenmangroven und Kasuarinenwäldern registriert worden.

In Nordthailand strikt gebunden an Bezirke, in denen ziemlich ausgedehnte Kiefernwälder anstehen; insofern sehr lokal und nirgendwo wirklich häufig. Nur selten in isolierten Laubbäumen bzw. lichtem Eichenwald auszumachen und dann stets in nächster Nähe von Kiefern.

In Burma von Tieflands- bis in die Eichen- und Kiefernwälder der Gebirge, hauptsächlich jedoch in Vorbergen. Im Gezeitendschungel des Rangun-Deltas gewöhnlich.

Auf Sri Lanka meist spärlich und mehr örtlich im Flachland, häufig im Gebirge um ca. 1000 m, sowohl in Laubwäldern als auch in der Nachbarschaft menschlicher Ansiedlungen.

In Zentralindien überwiegend Brutvogel in gebirgigen Gebieten, bevorzugt durchlässigen Laubwald, dörfliche Haine, Obstgärten u. ä.

In Ostassam von der Ebene bis etwa 900 m in feuchtem Laubwald und Sal-Wäldern.

Die tibetischen Kohlmeisen bevölkern „die macchienreichen, ariden Schluchttäler, Ackerbaudistrikte und lichtbewaldeten Wannentäler Sikongs. . . meiden die dichtbewaldeten Gebiete ebenso wie die Alpen- und Steppenzone. Sie sind Kulturfolger und leben meist in direkter Nachbarschaft des Menschen. . .“ (Schäfer 1938).

Diesselhorst (1968) gemäß in Nepal als Brutvogel auf die tiefen subtropischen Lagen beschränkt, nicht in der gemäßigten Stufe. Hauptverbreitung im Bereich winterkahlen Fallaubwaldes, steigt in der subtropischen Stufe bis an die untere Peripherie immergrünen Bergwaldes, kaum höher. Lichter Laubwald wird bevorzugt.

In Kaschmir analoge Habitate, auch in Kulturflächenrändern, offenen Hügelflanken mit zerstreut anstehendem Buschwerk, Gärten, Hainen, Obstpflanzungen, Dickichten.

Im afghanischen Nuristan wurde *P. major* in Eichenwald und -gebüsch um Äcker, nur selten in tieferen Partien der *Pinus gerardiana*-Wälder (bei Pashki) angetroffen. Auch in Wacholderbeständen.

In Nordbelutschistan in *Juniperus*-Gehölzen höherer Lagen.

Im Hochland Irans besonders gewöhnlich in den großen Obstanpflanzungen.

Die Kohlmeisen des Elbrus bewohnen „die Gärten der Ebene und die niedrigen Täler des Gebirgswaldes bis etwa 600 m Höhe. Das finstere Waldinnere vermeiden sie ebenso wie die Hochgebirgspartien" (Heinrich 1928).

Im Irak nicht sonderlich häufiger Vogel des Eichenbuschwaldes.

Im südöstlichen Kleinasien sowohl in Kulturlandschaft als auch in Hanglagen, sofern ohne kompakten Kiefernwald (vgl. Kumerloeve 1961).

Brütet auf Kreta in Gärten und Olivenhainen der tieferen Lagen, im Gebirge im Zypressen- und Kermeseichenwald bis zur oberen Baumgrenze.

Auf Sizilien die häufigste Meise aller Höhenlagen (Krampitz 1956).

In Nordwestafrika über nahezu alle bewaldeten Regionen verbreitet, ausgenommen die *Pinus halepensis*-Wälder des zentralen Tunesiens und die Waldungen des Sahara-Atlas (vgl. Snow 1952). Zum neueren Vorkommen in Algerien vgl. Ledant at al (1981).

Die Flut neuerer Veröffentlichungen zu spezieller Ökologie, Fortpflanzung, Verhalten, Nahrungsspektrum, Lautäußerungen usw. der Kohlmeise ist nahezu unübersehbar. Dieser Sachverhalt hat uns entscheidend bewogen, von detaillierter Schilderung dieser Seiten der Biologie von *P. major* abzusehen, um den Rahmen unseres Kartenwerkes nicht zu sprengen. Der Benutzer sei deshalb repräsentativ verwiesen auf: Gibb 1950 (Brutbiologie), Hoogerwerf 1950 (Brutbiologie), Kluiver 1951 (Populationsökologie), Hinde 1952 (Verhalten), Ulfstrand 1962 (Ökologie und Wanderungen in Südschweden), Perrins 1965 (Populationsschwankungen u. Gelegegröße), Royama 1966 (Ernährung der Nestjungen), van Balen 1967 (Variabilität von Körpergewicht und Flügellänge), Winkel 1970 (Brutbiologie), van Balen 1973 (Brutbiologie in verschiedenen Habitaten), Löhrl 1978 (Nahrungsverhalten), Harvey et al. 1979 (Brutbiologie), Bergman 1980 (Veränderungen der Gesangsmelodie in Finnland u. Schweden), Berg-Schlosser 1980 (*P. major* im subalpinen Koniferenwald), Eguchi 1980 (Nahrungsökologie), Haftorn 1981 (Brutbiologie).

## Wanderungen

Stand-, Strich- und Invasionsvogel. Oft gleich nach der Brutzeit Zusammenschluß mit anderen Meisen, Baumläufern, Kleibern, Goldhähnchen, Laubsängern und weiteren kleinen Insektenfressern zu Trupps wechselnder Größe, die Nahrung suchend in alle Himmelsrichtungen streifen. Von höheren bewaldeten Berglagen wird winterlichen Unbilden durch Abwärtsbewegungen in mildere Tallagen und vorgelagerte Ebenen ausgewichen. Dann mitunter häufig in Kulturland vielerlei Art. Zu Wintervorkommen auf Kamtschatka siehe bei Leonowitsch (1981).

Zu den zugartigen Wanderungen in Nord-, West- und Mitteleuropa haben sich Haftorn (1950), Rendahl (1959), Ulfstrand (1962) und Cramp (1963) zusammenfassend geäußert, siehe ausführlich dort. *P. major* als Invasionsvogel ist grundlegend von Berndt und Henss (1967) gewürdigt worden, daneben von Vauk (1959), Linkola (1961), Winkler (1974). Berndt und Henss wiesen den unmittelbaren Zusammenhang zwischen drangvoller Populationsüberdichte nach dem Ausfliegen der Jungen und massiver Emigration nach. Der Gedrängefaktor rufe komplex Hypersensibilität hervor, die „ihrerseits eine hormonale Umsteuerung vom normalen schwachen Strichtrieb der Kohlmeise in einen (sonst nur latent bleibenden) starken Zugtrieb" bewirke.

„Meisen benötigen zur Arterhaltung als ebenso stark feindgefährdete wie witterungsanfällige Vögel zum Ausgleich der häufigsten Notzeiten eine sehr hohe Vermehrungsrate. Diese führt jedoch unter normalen bis optimalen Verhältnissen immer wieder in wenigen Jahren zu einer Übervölkerung. Zum wichtigsten intraspezifischen Dichteregulationsmechanismus hat sich daher bei ihnen in evolutiver Adaption das dichteabhängige Emigrationsverhalten entwickelt, dessen Auswirkungen die bekannten Meiseninvasionen sind" (l. c.). Beide Autoren schlugen — zur Abgrenzung gegen andere Invasionsursachen — vor, Invasoren aus Überdichte Eruptionsvögel zu nennen.

XII

1984

# *Leptopoecile sophiae* Severtzov

bearbeitet von

I. A. NEUFELDT und K. WUNDERLICH

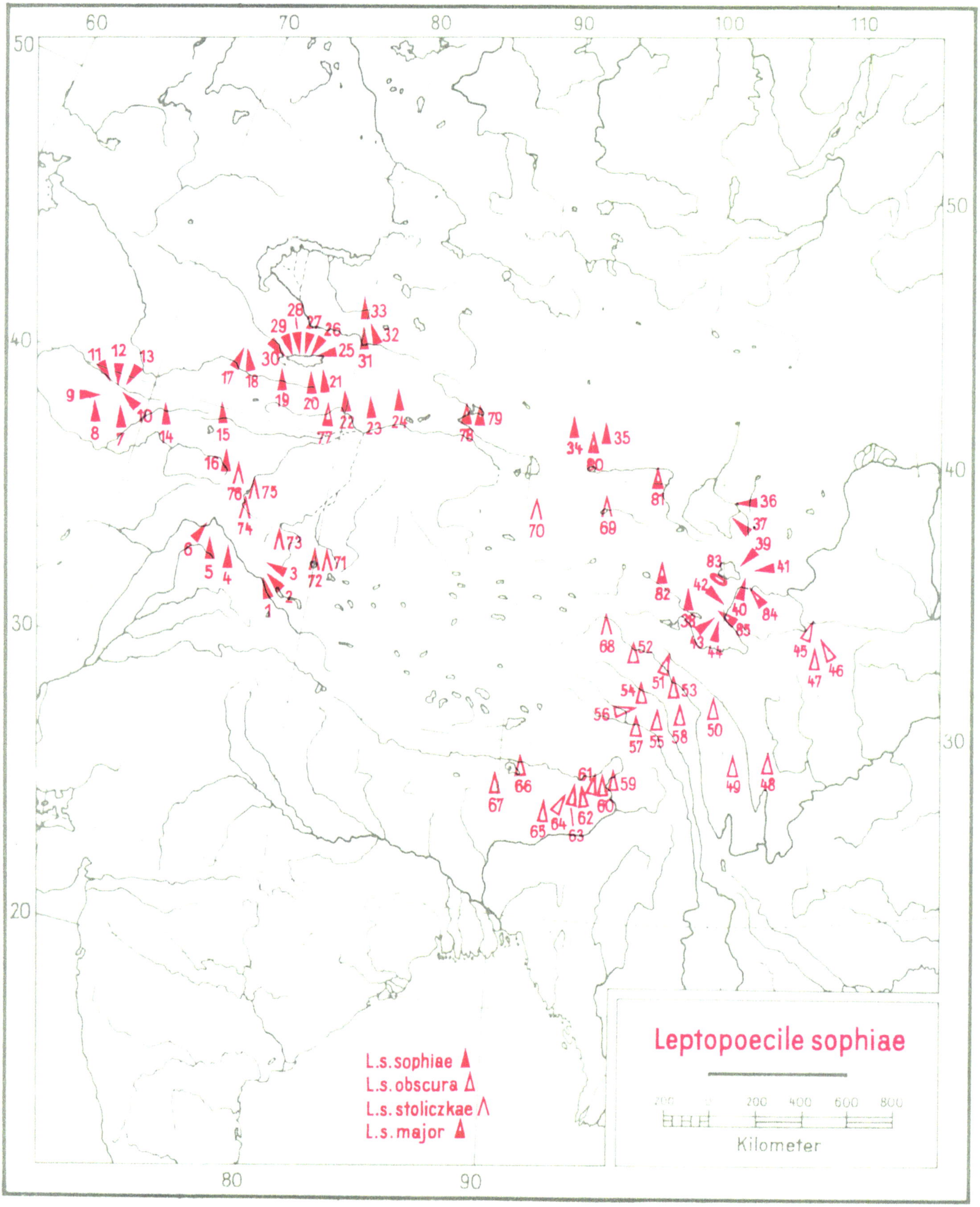
Leptopoecile sophiae
L.s.sophiae
L.s.obscura
L.s.stoliczkae
L.s.major
Kilometer
200 0 200 400 600 800

DAL 1936 Trudy Uzbek. Univ. 7, 123.
DEREWJAGIN 1940 Trudy Alma-Atinsk. zapow. 2, 19–41.
DRESSER 1906 Ibis 6 (8), 338.
GADOW 1883 Cat. Birds Brit. Mus. 8, London. 86–87.
GAWRILOW 1972 Pticy Kazachstana. 4. Alma-Ata. 221–229.
GAWRILOW, DOLGUSCHIN, RODIONOW 1968 Trudy Inst. Zool. AN Kazach. SSR 29, 32–40.
HARTERT 1907 Vögel paläarkt. Fauna. Berlin. 400–402.
HELLMAYR 1929 Field Mus. Nat. Hist. publ. 236, Zool. Ser. 17, 117–118.
IWANOW 1969 Pticy Pamiro-Alaja. Leningrad. 316–317.
JANUSCHEWITSCH et al. 1960 Pticy Kirgizii. 2. Frunze. 169–171.
KLEINSCHMIDT u. WEIGOLD 1922 Abh. Ber. Zool. Anthr.-Ethn. Mus. Dresden 15, 17–18.
KOWSCHAR 1972 Ornitologija 10, 344.
KUZNECOW 1962 Ornitologija 5, 232.
LUDLOW 1928 Ibis 4 (12), 57.
LUDLOW 1950 Ibis 92, 39.
LUDLOW 1951 Ibis 93, 565.
LUDLOW u. KINNEAR 1933 Ibis 3 (13), 471–473.
LUDLOW u. KINNEAR 1944 Ibis 86, 205.
MEINERTZHAGEN 1927 Ibis 3 (12), 415.
NEUFELDT 1970 Falke 17, 148–157, 194–198.
NEUFELDT et al. 1978 Trudy Zool. Inst. AN SSR 68, 252.
PEK, FEDJAKINA 1961 Pticy Kirgizii. 3. Frunze. 99.
PLESKE 1890 Wiss. Result. Reisen Przewalski nach Central-Asien. 2. Vögel. St. Petersb. 83–95.
PORTENKO 1961 Trudy Inst. Zool. AN Kazach. SSR 15, 126.
PRSHEWALSKIJ 1876 Mongolija i strana Tangutow. II, 2, pticy. St. Petersburg. 55–56.
PRSHEWALSKIJ 1887 Zap. Akad. nauk 55, 77–79, 80–83.
RAND u. FLEMMING 1957 Fieldiana 41, 173.
RICHMOND 1896 Proc. U.S. Nat. Mus. 18, 473.
RODIONOW 1969 Ornitologija w SSR. 2. Aschchabad. 537–539.
SAGITOW 1962 Ornitologija 4, 361–362.
SCHÄFER 1938 J. Orn. 86 (Sh.), 283.
SCHÄFER u. MEYER DE SCHAUENSEE 1939 Proc. Acad. Nat. Sci. Philadelphia 90, 234–235.
SCHALOW 1908 J. Orn. 56, 236–238.
SCHNITNIKOW 1949 Pticy Semiretschja. Moskwa-Leningrad. 463–465.
SCHRÖDERS 1947 Trudy Alma-Atinsk. zapow. 4, 89–90.
SCHULPIN 1939 Trudy Alma-Atinsk. zapow 1, 78–80.
SCULLY 1881 Ibis 5 (4), 567.
SMALLBONES 1906 Ibis 6 (8), 415.
STEPANJAN 1956 Zool. Sh. 35, 470–471.
STEPANJAN 1959 Utsch. zapiski Mosk. obl. ped. Inst. 71, 4, 104–105.
SUDILOWSKAJA 1935 Bjull. Mosk. obschtsch. ispyt. prirody, otd. biol., 49, 5, 253–259.
SUDILOWSKAJA 1936 Pticy Kaschgarii. Moskwa-Leningrad. 43.
STRESEMANN, MEISE u. SCHÖNWETTER 1937 J. Orn. 85, 519–523.
VAURIE 1957 Amer. Mus. Novit. 1856, 1–7.
VAURIE 1972 Tibet and its birds. London. 275.
WALTON 1906 Ibis 6 (8), 72–73.
ZARUDNYJ u. KOREJEW 1906 Mat. Fauna Flora Ross. 7, 218.

# *Leptopoecile sophiae* Severtzov

## Buschhähnchen

### Verwandtschaft und Gliederung

Das Genus *Leptopoecile* steht dem Genus *Lophobasileus* nahe. Es werden 4 gut nach der Gefiederfarbe (bei den ♂♂ auch im Brutkleid) zu sondernde Unterarten unterschieden: die dunklen und lebhaft gefärbten *L. s. sophiae* Severtzov und *L. s. obscura* Przevalskij, ferner die blassen und mattfarbenen *L. s. major* Menzbier und *L. s. stoliczkae* (Hume).

Die Verbreitung der Nominatform beginnt im Westhimalaya, im System des oberen Indus, setzt sich fort am Fuß des Karakorum und Westabschluß des Kunlun (hier, östlich des Kongur, rückt das Areal nahe an das von *stoliczkae* heran, die aber in anderem Habitat lebt), läßt dann Hindukusch und Pamir aus, berührt die Berge des Alai-Systems und weiter des ganzen Tjan-Schan (an Stellen der Sympatrie mit *major* im E-Tjan-Schan lebt sie höher als diese), geht durch den Nan-Schan ostwärts bis zum Datunche-Mittellauf, wo sie mit *obscura* Übergänge bildet, und reicht schließlich nach Süden bis zum oberen Huang-Ho und dem Nordabfall des Amne-Matschin.

Die dunkle *L. s. obscura* setzt das Artareal nach Süden fort. Es umfaßt das Cinlin-Gebirge, den Ostteil des Kunlun, die Sino-Tibetischen Berge, Ost- und Südosttibet (Huang-Ho-Quellgebiet, das Bassin des oberen Jangtse, Mekong und Jalung und läuft im östlichen Himalaya aus.

*L. s. major* besiedelt die Gebirgsrücken, die das Tarim-Becken (Kaschgarien) im NW und N umrahmen: die Südabhänge des Ost-Tjan-Schan von den Ausläufern des Kokschaaltau im Westen bis zum Karlyktag im Osten. Sie geht in den Nanschan, im Kunlun ostwärts bis zum Dshachar, nach Süden bis zu den Dshachanfidza-Bergen. Überall an Orten der Sympatrie mit *sophiae* kommt sie niedriger vor — am Fuß der Berge und Rand der Wüsten.

Letztlich tritt die ganz helle *L. s. stoliczkae* in den Bergen des Kunlun-Systems auf, die die Tarim-Senke im SW und S umgeben: vom Kongur ostwärts über die Gebirge Tachtakorum, Russkij, Altyntag bis zum Westende von Humboldt-Gebirge und Nanschan, darauf — das Tsaidam umrundend — vermischt sie sich an dessen SE-Peripherie mit *major*. Das *stoliczkae*-Vorkommen endet am Naizhin-Gol.

| | | | |
|---|---|---|---|
| 48. | Tatsienlu (IX.) | | SCHÄFER u. MEYER DE SCHAUENSEE 1939 |
| — | Musola (Paß im Muniangebiet) | AJ | KLEINSCHMIDT u. WEIGOLD 1922 |
| 49. | Litang (X.) | | SCHÄFER u. MEYER DE SCHAUENSEE 1939 |
| 50. | Bana-Dshun (S Dentschin-Gompa | A | Coll. Zool. Inst. Leningrad |
| 51. | Lager 80 (Jalung-Oberlauf) | A | SCHÄFER 1938 |
| 52. | Dy-tschju (W Berge Gatu-Dshu) | AJ | Coll. Zool. Inst. Leningrad |
| 53. | Jyekundo | A | SCHÄFER u. MEYER DE SCHAUENSEE 1939 |
| 54. | See Rchombo-mco, Nkotschun-Schlucht (NE Tschomonnur) | J | Coll. Zool. Inst. Leningrad |
| 55. | Menton-la (= Menton-Paß), Wasserscheide Dzetschu u. Dzatschu (= Mekong), am Dza-Tschu, W Kando (IX.) | | Coll. Zool. Inst. Leningrad |
| 56. | Bar-Tschu, Zufluß Nomu-Tschju (= Ngomu-Tschju), NE Dubarawa (X.) | | Coll. Zool. Inst. Leningrad |
| 57. | Riwoche | A | BIANKI 1905, VAURIE 1972 |
| 58. | Re-tschu, NE Tschamdo (XII.) | | Coll. Zool. Inst. Leningrad |
| 59. | Nam La | A | LUDLOW 1951 |
| 60. | Dzeng | A | LUDLOW 1951 |
| 61. | Tsela Dzong | A | LUDLOW 1951 |
| 62. | Pa La | A | LUDLOW u. KINNEAR 1944 |
| 63. | Sur La | A | LUDLOW u. KINNEAR 1944 |
| 64. | Kyimpu | A | LUDLOW u. KINNEAR 1944 |
| — | Le La | A | LUDLOW u. KINNEAR 1944 |
| 65. | Sang La (13. IX.) | | LUDLOW u. KINNEAR 1944 |
| 66. | Lhasa | BN | LUDLOW 1950 |
| 67. | Gyantse | N | DRESSER 1906 |
| | | A | WALTON 1906 |
| | | BN | LUDLOW 1928 |

*L. sophiae stoliczkae* (Hume)

| | | | |
|---|---|---|---|
| 68. | Marschroute S Zajdam (I.) | | Coll. Zool. Inst. Leningrad |
| — | Najdshin-Gol (= Najtschi-Gol), I. | | Coll. Zool. Inst. Leningrad |
| 69. | Westende d. Humboldt-Gebirges | J | Coll. Zool. Inst. Leningrad |
| 70. | Altyntag (Marschroute auf d. Zugang zum Lobnor), I. | | PRSHEWALSKIJ 1887, Coll. Zool. Inst. Leningrad |
| — | Altyntag (21. XI.) | | BIANKI 1905 |
| 71. | Russkij Gebirge (auf Marschroute Karasaj-Atschang) | A | Coll. Zool. Inst. Leningrad |
| 72. | Oj-Tulan-chortum | J | Coll. Zool. Inst. Leningrad |
| — | Karasaj (XI.) | | Coll. Zool. Inst. Leningrad |
| 73. | Südabfall d. Kuen-Lun-Karakasch-Tals (Schachidulla) | A | BIANKI 1905 |
| 74. | Tochtakorum | J | Coll. Zool. Inst. Leningrad |
| 75. | Berge SW Jarkend | J | Coll. Zool. Inst. Leningrad |
| 76. | Aktala (= Akdara), II. | | SHARPE 1891 |

*L. sophiae major* Menzbier

| | | | |
|---|---|---|---|
| 77. | Gebirgsschlucht nahe Utschturfan: Ajry | A | SUDILOWSKAJA 1936, Coll. Zool. Inst. Leningrad |
| | Uj-Tal | A | SUDILOWSKAJA 1936, Coll. Zool. Inst. Leningrad |
| | Karagajlik | AJc | SUDILOWSKAJA 1936, Coll. Zool. Inst. Leningrad |
| 78. | Gebirgsschlucht Chabcugaj, N Karaschar (X.) | | Coll. Zool. Inst. Leningrad |
| 79. | Narin-Kurgut-Nor (N Bagraschkulj) | J | Coll. Zool. Inst. Leningrad |
| 80. | Bugas, S Chami (XII.) | | Coll. Zool. Inst. Leningrad |
| 81. | Bulundshi (= Bulungir), III. | | Coll. Zool. Inst. Leningrad |
| 82. | Kurlyk (= Kurlyk Nor), X. | | Coll. Zool. Inst. Leningrad |
| 83. | Süd-Kukunor-Gebirge, S-Ufer d. Kukunor (II.) | | Coll. Zool. Inst. Leningrad |
| 84. | Berg Dshachar, bei Gujde | J | Coll. Zool. Inst. Leningrad |
| 85. | Berg Dshachanfidza (N Tschshurmyntschu) | N | PRSHEWALSKIJ 1887 |

*Anmerkungen*

*Zu P. 34 u. 35:*
Zu *L. s. major* findet Intergradation statt.
*Zu P. 36 u. 38:*
Hier mit *L. s. major* sympatrisch.
*Zu P. 41:*
Übergang ebenso zu *L. s. obscura.*

## LITERATUR


ABDUSALJAMOW 1964 — Pticy gorn. Zerawschana. Duschanbe. 162.

ABDUSALYAMOV 1973 — Fauna Tadjik Sov. Soc. Rep. 19, 2. Birds. Dushanbe. 211–215.

ALI u. RIPLEY 1973 — Birds India and Pakistan. 8. Bombay-London-New York. 201–202.

BAKER 1933 — Nidification Birds Indian Empire. 2. London. 494–495.

BANGS u. PETERS 1928 — Bull. Mus. Comp. Zool. Harvard 68, 7. 364.

BEREZOWSKIJ u. BIANKI 1891 — Aves Exped. Potanini in Gan-su. St.-Petersb. 117.

BIANKI 1905 — Izw. Ross. Akad. nauk. 22, 37–49.

BIANKI 1907 — Aves Exped. Kozlowi Mongol., Tibet orient. St. Pet. 107–111.

BIDDULPH 1881 — Ibis 5 (4), 71.

BIDDULPH 1882 — Ibis 6 (4), 280–281.

BORODICHIN 1968 — Pticy Alma-Aty. Alma-Ata. 50–51.

CARRUTHERS 1910 — Ibis 4 (9), 453–454.

# FUNDORTLISTE

*L. sophiae sophiae* Severtzov

| Nr. | Fundort | | Quelle |
|---|---|---|---|
| 1. | Leh | J | Biddulph 1881 |
| | | A | Meinertzhagen 1927 |
| – | Khardong, Tirit, Kharu | A | Ludlow u. Kinnear 1933 |
| 2. | Zusammenfluß von Shyon u. Nubra | A | Vaurie 1972 |
| 3. | Panamik, Nubra Valley | J | Hellmayr 1929 |
| | | AJNc | Ludlow u. Kinnear 1933 |
| – | Tansay, Aranu | A | Vaurie 1972 |
| 4. | Satpur Nullah, nahe Skardu (IX.) | | Ludlow u. Kinnear 1933 |
| 5. | Astor (3. X.) | | Gadow 1883 |
| | I., II. | | Richmond 1896 |
| 6. | Gilgit Valley, nahe Indus | ABc | Biddulph 1882 |
| 7. | Umgebung des Kulikalon-Sees (E Iskander-Kulj) | A | Dal 1936 |
| – | Dugdan-Paß | A | Iwanow 1969 |
| – | Kischlak Artutsch | A | Iwanow 1969 |
| 8. | Artscha-Majdon (N-Abdachung d. Hissar-Gebirges, Becken d. oberen Magian) | J | Abdusaljamow 1964 |
| – | N-Abfall d. Westendes d. Hissar-Gebirges | AJ | Carruthers 1910 |
| 9. | Obi-kag (Westteil d. Zerafschan-Gebirges) | A | Coll. Zool. Inst. Leningrad |
| 10. | Urmetan | A | Sagitow 1962 |
| 11. | Gulasch-Saj (oberer Sanzar-Fluß) | A | Dal 1936 |
| 12. | Kumbelj-Saj | J | Abdusaljamow 1964, 1973 |
| 13. | Schachristan-Paß | A | Iwanow 1969 |
| 14. | Kschemysch-Tal | J | Iwanow 1969 |
| – | Kizyl-Tang | N | Abdusalyamov 1973 |
| 15. | Tartkulj-Paß (SE Gultscha) | A | Iwanow 1969 |
| 16. | Kaying Bashi (E Kongur-Berg) | A | Ludlow u. Kinnear 1933 |
| 17. | Kurtybaj | B | Gawrilow 1972 |
| – | Tschungursaj | B | Gawrilow 1972 |
| 18. | Fluß Merke, Quellen: Sandyk | AJ | Portenko 1961, Coll. Zool. Inst. Leningrad |
| | Karakotakbas | J | Portenko 1961, Coll. Zool. Inst. Leningrad |
| 19. | Dshuwanaryk (X.) | | Coll. Zool. Inst. Leningrad |
| 20. | Schlucht Tschon-Kyzyl-Su (S Pokrowka) | NJc | Stepanjan 1959 |
| 21. | Berge S Prshewalsk | N | Rückbeil in Hartert 1907 |
| – | Altyn-Arasan | A | Coll. Zool. Mus. Univ. Moskau |
| 22. | Kaindy-Tal (oberes Aksu-Becken) | J | Schnitnikow 1949, Coll. Zool. Inst. Leningrad |
| 23. | North Musart River, Han Aulik (Raum Muzart-Paß) | A | Hellmayr 1929 |
| 24. | Kensu-Tal (Kensu = nördlicher Zufluß zum oberen Koksu) | A | Ludlow u. Kinnear 1933 |
| 25. | Umgebung d. Kulsaj-Sees | NJ | Kowschar 1972 |
| 26. | Tau-Tschilik (Becken d. oberen Tschilik = Schilik) | B | Gawrilow 1972 |
| 27. | obere Issykkul-Schlucht (S Ansiedl. Issyk) | J | Gawrilow 1972 |
| – | Turgenj | B | Gawrilow 1972 |
| 28. | Talgar-Schlucht (S Ansiedl. Talgar) | J | Coll. Zool. Inst. Leningrad |
| 29. | Umgebung d. Großen Almatinskoje Sees (S Almatinskij Pik) | ABNJc | Gawrilow et al. 1968, Neufeldt 1970, Coll. Zool. Inst. Leningrad |
| – | Kumbelj | A | Coll. Zool. Inst. Leningrad |
| 30. | Kaskelenka-Oberlauf (S Ansiedl. Kaskelen) | J | Gawrilow 1972 |
| 31. | Raum Panfilow (Berge N Panfilow) | B | Gawrilow 1972 |
| 32. | Tyschkan (= Tyschkan-Tau) | AB | Zarudnyj, Korejew 1906 |
| 33. | Aksu-Oberlauf | BNJ | Gawrilow 1972 |
| 34. | Tschakaga (W Chami), X. ↓ | | Coll. Zool. Inst. Leningrad |
| 35. | Taschar (Raum Chami), II. ↓ | | Coll. Zool. Inst. Leningrad |
| 36. | Matisse (S Gantschshou-Tschshane) ↓ | A | Coll. Zool. Inst. Leningrad |
| 37. | Sung-shu-dschuang (IX.) | c | Stresemann et al. 1937 |
| – | Siau-tsin-kou-Schlucht (XI.) | c | Stresemann et al. 1937 |
| – | Hudja-dschuang (XII.) | c | Stresemann et al. 1937 |
| 38. | Dulan-Kit (= Dulanschi) ↓ | A | Coll. Zool. Inst. Leningrad |
| 39. | Süd-Tetung-Berge (südl. Ausläufer d. Cinschinlin, N Sindse) | ANc | Stresemann et al. 1937 |
| – | Kimar | A | Stresemann et al. 1937 |
| – | Durgu | A | Stresemann et al. 1937 |
| – | Lau-hu-kou (XI.–XII.) | | Stresemann et al. 1937 |
| 40. | Nin-tschan-pu (Sining-ho zw. Sining u. Chanjuan) | J | Coll. Zool. Inst. Leningrad |
| 41. | Tetung-gol-Mittellauf (= Tetunghe = Datunche), NE Sining ↓ | Jc | Coll. Zool. Inst. Leningrad |
| 42. | Bagogartschiche | A | Coll. Zool. Mus. Univ. Moskau |
| 43. | Ugutu-Ula | A | Vaurie 1972 |
| 44. | Umgebung von Tschurmyn (= Tschshurmyntschu) | A | Coll. Zool. Inst. Leningrad |

*L. sophiae obscura* Przevalski

| Nr. | Fundort | | Quelle |
|---|---|---|---|
| 45. | Choni (am Taoche), I. | | Bangs u. Peters 1928 |
| 46. | Dorf Satani (Raum Sigu), XII. | s | Berezowskij, Bianki 1891; Coll. Zool. Inst. Leningrad |
| 47. | Sunpan (= Sungpan) | A | Coll. Zool. Inst. Leningrad |
| | | AJ | Kleinschmidt u. Weigold 1922 |

Schon PLESKE (1890) und BIANKI (1905) machten auf die ganz eigentümliche Verteilung der ökologischen Gruppen aufmerksam, die von den dunklen und hellen Formen gebildet werden. Später wiesen SUDILOWSKAJA (1935) und dann auch VAURIE (1957) darauf hin, daß hier der unter den paläarktischen Passeriformes einzigartige Fall vorliegt, daß das Areal der dunklen Formen (*sophiae* u. *obscura*), die den relativ feuchten Gürtel subalpinen Gebüschs und mit ihm verschränkten Waldrandes bewohnen, als beinahe geschlossener Ring das gleiche Gürtelareal der blassen *major* und *stoliczkae* umgibt, die in den waldlosen ariden Berglandschaften (detailliert siehe in „Oekologie") vorkommen. Die ökologische Isolation ist hier mit der geographischen zusammengefallen.

## Zur Verbreitung

*Leptopoecile sophiae* ist im Unterschied zu *Lophobasileus elegans* (vgl. Lfg. 11) in den Gebirgssystemen Mittel- und Zentralasiens weit verbreitet, vom Aksu-Oberlauf im Dshungarischen Alatau und Karlyktag im Ost-Tjan-Schan im Norden bis Ladakh, Gyantse und dem Sang La im Süden, vom oberen Sanzar in der Turkestan-Kette im Westen bis Sigu im Cinlin-Gebirge und Sungpan im Osten.

Mit den Bergen umgreift das Areal im Süden die Wüsten der Dshungarei, säumt Tarim-Bassin, Lopnor, Tsaidam und ebenso die kalten Steinwüsten des tibetischen Plateaus, auf dem die Art nicht lebt. Seine Unterbrechung in Südtibet (zwischen Leh und Gyantse) resultiert wohl mehr aus der mangelnden Untersuchung des Territoriums, das *L. sophiae* passende Existenzbedingungen bietet (VAURIE 1951).

Der überwiegende Teil des Brutgebiets liegt auf chinesischer Seite (Sinkiang, Gansu, Tsinghai, W-Setzschuan, Sikang u. SE-Tibet), nur im Westen wird die sowjetische (gebirgige Gegenden Kasachstans, Kirgisiens u. Tadshikistans) und indische (Kaschmir) erreicht.

Spezialkarten der Verbreitung bei ABDUSALJAMOV 1973 (Tadshikistan), GAWRILOW 1972 (Kasachstan), JANUSCHEWITSCH et al. 1960 (Kirgisien), SCHNITNIKOW 1949 (UdSSR), SUDILOWSKAJA 1935 (Gesamtareal), VAURIE 1957 (Gesamtareal).

## Oekologie

Im Gegensatz zu *Lophobasileus elegans* ist *L. sophiae* charakteristischer Bewohner hochgelegenen Buschdickichts. Schon frühzeitig ist über das Vorhandensein zweier Gruppen gesprochen worden, die verschiedene ökologische Nischen bilden. Deren Habitate im einzelnen: Die eigentlichen Gebirgsformen (*sophiae, obscura*) besiedeln die subalpine Busch- und den oberen Teil der Nadelwaldzone, was ihr Habitat physiognomisch recht einheitlich erscheinen läßt. Ungleich sind nur die Höhengrenzen des Brütens in verschiedenen Gebirgssystemen — bewirkt, wie auch der Umfang ihrer saisonalen Vertikalbewegungen (siehe „Wanderungen"), durch die unterschiedlich verbreiteten Gürtel geeigneter Vegetation.

*L. s. sophiae* bevorzugt fast überall dieses: Dickicht aus Wacholder, in mehr ariden Regionen aus Erbsenstrauch (*Caragana*). Im Tjan-Schan wird in Höhen zwischen 2286 m (Dshungarischer Alatau) und 3657 m (zentraler Tjan-Schan) gebrütet; optimale Bedingungen sind dort von 2500 bis 3000 m gegeben, wo *Juniperus turkestanica* bei unbedeutender Beimengung von *J. sibirica* und Geißblatt (*Lonicera*) dominiert, ebenso wo die Wacholderformation an die Fichtenzone (*Picea schrenkiana*) stößt. Dort wird geringfügiges Vermengen mit Heckenkirsche, Eberesche, Johannisbeere und Rosen konstatiert (ZARUDNYJ u. KOREJEW 1906, HELLMAYR 1929, STEPANJAN 1956, 1959, PORTENKO 1961, KUZNECOW 1962, GAWRILOW et al. 1968, KOWSCHAR 1972, NEUFELDT 1970, 1978). An ähnlichen Stellen ist sie im West-Himalaya beobachtet worden (Baltistan, Gilgit, Ladakh), aber gewöhnlich in Höhen von 3000—4400 m (BIDDULPH 1882, MEINERTZHAGEN 1927, ALI u. RIPLEY 1973). Im klimatisch durch ausgeprägte Trockenheit abweichenden Alai-System lebt sie weniger im kleinwüchsigen Gestrüpp von *Juniperus turkestanica*, vielmehr in Wäldern aus *J. semiglobosa* und *J. seravschanica* mit Unterwuchs von *Berberis*, Geißblatt, Rosen und *Caragana*, in Höhen von 1550 m in der Turkestan-Kette bis 3250 m im Hissar-Gebirge (SAGITOW 1962, ABDUSALJAMOW 1964, 1973).

Im östlichen Nanschan tritt sie meist im ganzen subalpinen Gebüschgürtel auf, von der oberen Fichtenwaldgrenze, im Streifen vorherrschender *Caragana jubata* (Lieblingshabitat in den Tetung-Bergen) aufwärts bis zu den letzten *Juniperus pseudo-sabina*-Sträuchern (3000—3600 m); von Laubgehölzen sind *Rhododendron, Potentilla fructicosa, Salix* u. a. an jener Buschvegetation beteiligt (PRSHEWALSKIJ 1876, 1887; STRESEMANN et al. 1937). Im Raum Sining (nahe Lau-hukou) wurde die Art auch tiefer, bis 2700 und 2600 m registriert, auf Abhängen, die mit Buschwerk von *Hippophaë rhamnoides, Salix, Spiraea, Berberis* überzogen waren, dabei bevorzugten die Vögelchen *Berberis*-Bestände (STRESEMANN et al. 1937).

Alle Forscher, die *L. s. obscura* beobachten konnten, unterstreichen, daß diese Form ebenso an die höher gelegene Strauchzone, speziell wo sie aus Turkestanischem Wacholder, *Lonicera* und *Berberis* besteht, gebunden ist, in Höhen von: 3658 m im Cinlin-Gebirge (BEREZOWSKIJ, BIANKI 1891), 3400—5000 m in den Sino-Tibetischen Bergen und Osttibet (PRSHEWALSKIJ 1887, KLEINSCHMIDT u. WEIGOLD 1922, SCHÄFER 1938), 2896—4570 m in Südtibet und NE-Himalaya (WALTON 1906, BAKER 1933, LUDLOW 1951).

Als Brutnachbarn der Nominatform sind ausgemacht worden: im Zailijsker Alatau (Tjan-Schan) *Mycerobas carnipes*, *Carpodacus rhodochlamys*, *Prunella atrogularis*, *Calliope pectoralis*, im östlichen Nanschan (wie auch für *L. s. obscura* in Osttibet) *Parus superciliosus* (PRSHEWALSKIJ 1887, STRESEMANN et al. 1937, SCHÄFER 1938).

*L. s. major* und *stoliczkae*, die Bewohner der waldlosen Wüstengebirge, sind weitaus weniger untersucht. Bekannt ist, daß sich ihre Lebensstätten durch große Trockenheit auszeichnen. Die Vögel bevorzugen Wohnorte auf von Schluchten durchzogenen Bergabhängen, auf denen dichtes Gebüsch ansteht. *L. s. major* lebt in Schluchten auf dem Südabfall des östlichen Tjan-Schan, die mit *Berberis*, Weidicht, Rosen, Tamarisken bewachsen sind (PRSHEWALSKIJ 1887). Auf den wüstenhaften Südabhängen des Tjan-Schan (südliche Ausläufer des Kokschaal-Tau - Gebirgsschluchten des Utschturfan) hält sie sich an den unteren Wacholdergürtel (von 2500 m an abwärts), dort in *Caragana*-Gestrüpp, *Berberis nummularia* und *Rosa kashgarica*, genauso jedoch an Buschwerk von *Hippophaë*, *Salix*, Rosen und *Berberis* längs der Flüsse (SUDILOWSKAJA 1935, 1936).

Die am meisten „wüstenhafte" *L. s. stoliczkae* schließlich wurde von PRSHEWALSKIJ (1887) in Schluchten „der Tibetischen Berge", die das Zaidam- und Tarim-Becken (=Kunlun) umrahmen, gefunden, in Gebüsch aus *Myricaria*, *Tamarix* und *Nitraria*.

Es ist oben schon bemerkt worden, daß an Stellen sympatrischen Auftretens der 2 erwähnten Gruppen (im Ost-Tjan-Schan u. am Kukunor im Nanschan) klare ökologische Sonderung stattfindet: *sophiae* und *obscura* leben in großen Höhen, *major* und *stoliczkae* hingegen niedriger, bis zum Bergfuß, in wüstenartigem Gelände. *Stoliczkae* geht in Kunlun und Altyn-Tag (wo sie allein vorkommt), diesen mehr ariden, vor dem Tjan-Schan gelegenen Gebirgen, höher hinauf als *sophiae* im Tjan-Schan.

Die Nester bauen ♂ und ♀ meist in Gebüsch unweit vom Boden. Im Zailijsker Alatau waren 0,50—1,90 m über dem Boden 55—56 % der gefundenen Nester in *Juniperus turkestanica* angelegt worden (GAWRILOW et al. 1968, NEUFELDT 1970). Nester in Wacholder sind auch im Terskej Alatau entdeckt worden (STEPANJAN 1956), am Nordabfall der Turkestan-Kette, 2,50—3 m hoch (ABDUSALJAMOV 1973), auf dem Dshachanfidza am oberen Huangho, großenteils 2 m über dem Boden (PRSHEWALSKIJ 1887). Alle 6 Nester, die BEICK aus den Tetung-Bergen beschrieb, waren 0,62—0,92 m hoch in *Caragana jubata* plaziert, im Raum Sining (bei Lau-hu-kou) in *Berberis*-Sträuchern 0,70—1,80 m hoch (STRESEMANN et al. 1937). Im Zailijsker Alatau siedeln sich Buschhähnchen gern auch an Stellen an, wo Wacholderbuschwerk und Fichte (*Picea schrenkiana*) miteinander verzahnt sind; hier waren 33—36 % der untersuchten Nester in den zuletztgenannten, meist ziemlich hoch — 2,50—15 m. Selten (8 %) benutzen sie spät austreibende *Lonicera*-Büsche (GAWRILOW et al. 1968, NEUFELDT 1970).

Die Nester sind variabel befestigt, in Sträuchern entweder direkt im Gewirr feiner Zweige bzw. mit den Wandungen an einigen groben. In den Fichten waren diese Nestwandungen an einen der horizontalen Zweige gebaut, dicht am Stamm, die Nester z. T. auch (1,50—2 m weit) vor solchem Stamm frei unten an die Zweige gehängt, ähnlich denen von *Regulus regulus*.

Das Nest ist etwas gedrungen kugelartig geformt mit Einschlupf im oberen Drittel. Abhängig von Ort und Art der Befestigung wechseln Kontur (von fast kugelig bis kompakt oval) und äußere Abmessungen: Höhe 130—157, Breite 90—120, Höhe innen 72—92, Breite innen 49—80, Durchmesser der Mulde 23—35 mm, Stärke der Wände bis 30 mm, des Bodens sogar 35—40 mm (STRESEMANN et al. 1937, STEPANJAN 1956, 1959, GAWRILOW et al. 1968, NEUFELDT 1970). Die äußere Lage der Wandung besteht aus grünen Moosstengelchen, Flechten, feinen Hälmchen, Wollfasern, Kokongespinsten. Die innere enthält daneben noch weichere Pflanzenhaare, Schafwolle, Dunen und feine Federn. Die Auspolsterung der Nestkammer (3. Schicht) ist gewöhnlich sehr reich, fast stets besteht sie aus weichen Federn großer Vögel: im Tjan-Schan hauptsächlich von *Tetraogallus himalayensis*, weniger von *Alectoris kakelik* (STEPANJAN 1956, GAWRILOW et al. 1968, NEUFELDT 1970), im Nanschan von *Crossoptilon auritum*, *Perdix hodgsoniae* und *Columba leuconota* (STRESEMANN et al. 1937), im östlichen Kunlun und in den Sino-Tibetischen Bergen ebenfalls aus Fasanenfedern (PRSHEWALSKIJ 1887, KLEINSCHMIDT u. WEIGOLD 1922). Im NE-Himalaya sind Federn von *Tetraogallus* und *P. hodgsoniae* registriert worden, ebenso von *Pyrrhocorax pyrrhocorax* und Fringilliden (BAKER 1933). Nur selten wurden wenig Federn in der Auskleidung, Murmeltierwolle, Schafwolle und Pflanzenfasern gefunden.

Den Nestbau beginnen die ersten Paare von *L. s. sophiae* zu Terminen, die für das Gesamtareal der Art ähnlich sind — Ende April. Allerdings streckt sich die Fortpflanzungsperiode stark. Im Zailijsker Alatau sind zwei sehr zeitig angefangene Nestchen am 20. April vollendet worden, andere wurden danach im Mai und Juni begonnen, 1964 erst am 3. Juli (GAWRILOW et al. 1968, NEUFELDT 1970). Im Nanschan sah man Stücke beim Auspolstern des Nests am 20., 23. April 1928 (STRESEMANN et al. 1937). Im Kunlun (Berg Dshachanfidza) fand man ein fertiges Nest (ohne Gelege) am 28. April (PRSHEWALSKIJ 1887). Normalerweise findet 1 Brut statt. Bei derart ausgedehntem Fortpflanzungszyklus können frische Eier über 2,5 Monate hin angetroffen werden, nicht selten auch verursacht durch neuerlichen Nestbau nach Verlust erster früher Nester und Gelege. Im Zailijsker Alatau besonders zeitiger Legebeginn am 15. Mai, ganz später am 25. Juli, bei den meisten Paaren vom 20. Mai bis zur ersten Juni-Dekade (GAWRILOW et al. 1968, NEUFELDT 1970). Im Nanschan konnten früheste Eier in zwischen 18. und 24. Mai stark bebrüteten Gelegen (STRESEMANN et al. 1937) am 6., 7. Mai gezeitigt worden sein. Die Brutdaten in den übrigen Arealabschnitten der Nominatform mögen mit Angaben über große Jungvögel in entdeckten Nestern oder unlängst ausgeflogene umrissen werden: Hissar-Gebirge 18. Juni (CARRUTHERS 1910), Turkestan-Kette 7. Juni (ABDUSALJAMOV 1973), Terskej Alatau 2.—5. Juni (STEPANJAN 1959), Kungej Alatau 22. Juni (GAWRILOW 1972), Dshungarskij Alatau — nur Schlupf — 11. Juni (GAWRILOW 1972), in Ladakh komplett befiederte juv. am 11. Juni (HELLMAYR 1929).

BAKER vermutete (1933), daß *L. s. obscura* 2 Bruten jährlich macht — er kannte Eier aus dem Raum Gyantse, die am 17. April und 18. Juli gelegt worden waren. Tatsächlich beginnt die Fortpflanzung hier im Süden bei manchen Paaren fast einen Monat zeitiger als bei *L. s. sophiae* im äußersten Nordwesten (LUDLOW 1928, der ebenfalls vermerkt, daß man bei Gyantse Eier im April finden kann). Das Gros der Gelege wird aber Ende April und im Mai gezeitigt (DRESSER 1906, BAKER 1933, LUDLOW 1950).

Vollgelege von *L. s. sophiae* enthalten 4—8, im Zailijsker Alatau öfter 7 Eier (GAWRILOW et al. 1968, NEUFELDT 1970), im Nanschan meist 6 (STRESEMANN et al. 1937). Bei *L. s. obscura* sind sie kleiner — 4 bis 5, gewöhnlich 5 (BAKER 1933).

Die Eier sind weiß bis schwach rosa, mit vielen feinen und gröberen, hellbraunen und schwärzlichen, über die Schale verstreuten, gegen den stumpfen Pol hin verdichteten Tüpfeln und Flecken versehen.

Maße: *sophiae* — Tjan-Schan 15,0—16,7 (1mal 18,0)×11,0—12,0 (1mal 13,5) mm (NEUFELDT 1970), 15,1—16,2× 11,5—12,0 mm (GAWRILOW 1972), 13,6—14,8×10,8—11,5 mm (HARTERT 1907), im Nanschan 14,4—16,7×10,6—11,6 mm (STRESEMANN et al. 1937); *obscura* — 14,3—16,0×10,9—12,2 mm (BAKER 1933).

Ein Fall von Brutparasitismus (seitens *Cuculus canorus*) ist bekanntgeworden (RODIONOW 1969).

Insektenfresser. Im sommerlichen Tjan-Schan wurde eruiert, daß *L. s. sophiae* hauptsächlich Schmetterlinge und Larven von Noctuiden, Dipteren (Mücken, Fliegen, Bremsen, ganz besonders Tipuliden), Orthoptera und Hemiptera aufnimmt, seltener Eier der zuletztgenannten, von Hymenopteren (Wespen, Hummeln, Ameisen), Aphidodea, gelegentlich auch Mecoptera und Coleoptera. Imagines, Larven und Eier von Insekten und Spinnen bilden ebenso in Herbst und Winter die Ernährungsgrundlage, hinzukommen dann mitunter Beeren und Samen (STEPANJAN 1956, JANUSCHEWITSCH et al. 1960, PEK u. FEDJAKINA 1961, GAWRILOW et al. 1968, GAWRILOW 1972, NEUFELDT 1970).

## Wanderungen

*L. sophiae* bleibt das ganze Jahr über fast überall im Brutgebiet, zumindest in dessen Nähe, und unternimmt nur in einigen Gebirgssystemen wechselnder Größe und abhängig vom jeweils herrschenden Winter vertikale Streifereien. Das kann die Population teilweise bis in die Vorberge, sogar bis zum Gebirgsfuß herabführen, speziell natürlich in strengen und meist schneereichen Wintern.

So streichen sie am NW-Rand des Areals auf die Ebenen hinaus, rund 100 km vom Gebirge weg. Dies mag als regelrechter Zug gelten.

Insofern sind strenggenommen nur wenige Buschhähnchen ganzjährig ortsstet. Überwiegende Standorttreue wahrt wohl nur die südliche Unterart *obscura*; für sie wurde bislang lediglich einmal von ziemlich weitem Entfernen aus dem Brutgebiet im Dezember ins westliche Zentralnepal berichtet (bei Jomson am oberen Kali Gandak, 3655 m hoch — RAND u. FLEMMING 1957). Von dieser Form schrieben KLEINSCHMIDT und WEIGOLD (1922), daß sie in Osttibet ,,. . . selbst Mitte November noch bis mindestens 4000 m" lebt. ,,Also einer der härtesten Vögel der Erde." Gleiches hebt SCHÄFER hervor (1938): ,,Selbst im Mittwinter auf 5000 m angetroffen." Im Raum Gyantse fand LUDLOW (1928) sie das ganze Jahr über relativ gewöhnlich.

Ähnlich verhalten sich Stücke aus südlichen Populationen von *sophiae*, wie im östlichen Nanschan beobachtet wurde. Ausgezeichnet illustrieren dies Bemerkungen BEICKS (Tagebuch fide STRESEMANN et al. 1937): ,,Viele Familien haben eine große Anhänglichkeit an ihre Brutreviere und verlassen sie selbst bei der strengsten Kälte im Dezember und Januar nicht. . .

In den höchsten Lagen trifft man *Leptopoecile sophiae* im Herbst und Winter nur in Gemeinschaft von *Parus superciliosus*, mit dem sie überhaupt in engster Freundschaft lebt. Seltener gesellen sich dort zu diesen einige *Prunella rubeculoides*. Im Wacholderwalde sind die Gemeinschaften schon bunter. *Regulus regulus sikkimensis*, *Parus rufonuchalis whistleri*, *Parus atricapillus affinis* und auch *Carpodacus thura dubius* gesellen sich da zu *Leptopoecile*, oder aber *Leptopoecile* zu diesen. . .

In lückigem jüngerem Fichtenbestande kann man nur von einem Anschluß einzelner oder weniger *Leptopoecile*-Vögel an die Gesellschaften von *Regulus* und *Lophobasileus*, zu denen sich dann auch noch *Parus dichrous dichroides*, die schon erwähnten Meisenarten und noch Kleiber (*Sitta canadensis bangsi*), Baumläufer (*Certhia familiaris bianchii*) und Spechte (*Dryobates major beicki*) gesellen, reden. . .

Da *Leptopoecile sophiae* auf den mit Sträuchern bewachsenen Hängen bei Lau-hu-kou häufig ist, so treffen sich die Familien im Herbst und Winter auf ihren Streifflügen und bilden dann Gemeinschaften von 20, 25 und etwas mehr Vögeln. Solche größeren Gesellschaften habe ich mehrfach im Winter 1926/27 beobachten können.

Ende Januar lösen sich die Gesellschaften auf und bilden Paare, oft streifen aber auch gepaarte Vögel noch fast einen Monat gemeinsam mit *Parus superciliosus* herum." Dennoch kommen auch hier Exemplare aus dem Gebirge herunter, was KOZLOW (BIANKI 1907) im Januar—Februar im Süd-Kukunor-Gebirge beobachtete, wo *Leptopoecile* in einer Oase bei Lantschou und in den tiefen Schluchten des Tetung-gol (Datunche) regelmäßig vorkam.

In erheblichem Maße ist die Kunlun-Form *stoliczkae* seßhaft, wenn auch winters sicher alle in die Vorberge herabgehen und man ihnen im Oktober in der Wüste an den Grenzen des *major*-Areals begegnet ist, um Tauschkandarja und in der Nähe von Achtarma (BIANKI 1905).

*Major* erscheint im Winter deutlich tiefer auf den Südabhängen und in den -vorbergen des östlichen Tjan-Schan, nicht selten von Dezember bis Februar in der Chami-Oase (Coll. Zool. Inst. Leningrad). Stücke, die in den südlichen Ausläufern des Kokschaaltau brüten, streifen ins Tauschkandarja-Tal, wo DIWNOGORSKIJ Flüge bis zum 24. März antraf (SUDILOWSKAJA 1936).

Regelmäßiger und ausgeprägt sind die saisonalen Bewegungen im NW des Artareals, an der Westgrenze der Verbreitung von *L. s. sophiae*. So streift diese winters in Ladakh, Baltistan und Gilgit bis 1800 m (ALI u. RIPLEY 1973), selten noch niedriger — ein Paar ist im Januar im Indus-Tal bei 1676 m gesammelt worden (SCULLY 1881). Hissar-Vögel suchten ab November alljährlich den Iskander-Kul-Talkessel auf (CARRUTHERS fide ABDUSALJAMOV 1973). Ins Zerawschan-Tal kommen ab Ende August bis Anfang September diejenigen, die an den Hängen des Serawschan- und Turkestan-Gebirges leben. Falls auf die Ufer des Flusses viel Schnee fällt, ziehen sie bis an den äußersten Rand der Berge und erreichen Ende November, Anfang Dezember die Umgebung von Samarkand. Die westlichsten Januar- und Februar-Fundorte sind Kattakurgan und Kara-Darja in Höhen von 400—450 m; dort bleiben sie bis in den März hinein (SAGITOW 1962). In Jahren mit zeitigem Frühling und bei dünner Schneedecke dringen sie nicht so weit ins Tal vor, sondern wenden sich schon Anfang Februar dem Bruthabitat wieder zu. Im Alai kann man sie zwischen Oktober und Februar ebenfalls erheblich unterhalb der Nistzone, vom Kaplankulj und von Gultscha bis Osch beobachten (Coll. Zool. Inst. Leningrad, IWANOW 1969). Vom Kongur-Gebirge (westlicher Kunlun) gehen sie selten bis Kaschgar (LUDLOW u. KINNEAR 1933; Coll. Zool. Inst. Leningrad).

Ausgebreitete Kenntnis haben wir von den Buschhähnchen im sowjetischen Tjan-Schan. Im folgenden alle „Varianten" ihrer jahreszeitlichen Bewegungen: 1. Ein Teil überwintert fast immer in hoher Berglage, den Nistbezirken, Wacholderbeständen und an der oberen Fichtenwaldgrenze. Nach starkem Schneefall streifen einige in die Fichtenzone (bis 1500 m). Bei gutem Wetter kehren sie auf die ausgeaperten Südhänge mit subalpiner Wacholdertrift zurück (SCHULPIN 1939, DEREWJAGIN 1940, SCHRÖDERS 1947, JANUSCHEWITSCH et al. 1960, KUZNECOW 1962). Speziell dieser Teil der Population dürfte jähen Einbrüchen starker Kälte, die von ergiebigen Schneefällen begleitet werden, ausgesetzt sein, vermag solche Wetterstürze kaum zu fliehen und wird durch Nahrungsmangel dezimiert. Sehr harte und schneereiche Winter zerstreuen die Population über Hochland und Vorgebirge wie zuletzt 1969 im Zailijsker Alatau, als sich die Kopfzahl katastrophal verringerte und viele Jahre nicht wieder vergrößerte (NEUFELDT et al. 1978).

2. Für die Species in diesem Arealteil typischer ist abwärts gerichtetes Streichen. Die Vögel verlassen den Fichtenwald und verharren überwinternd an der Untergrenze dieser Waldzone bis zu den Vorbergen (1000—600 m). Im Terskej, Kungej und Zailijsker Alatau beginnen die Streifereien im Oktober. Aus den ersten zwei Gebirgen führen sie teils in den Issykkul-Talkessel (SMALLBONES 1906, SCHALOW 1908, JANUSCHEWITSCH et al. 1960; Coll. Zool. Inst. Leningrad). In den Vorgebirgsgegenden des Zailijsker Alatau, unmittelbar vor Alma-Ata, tauchen die ersten Ende Oktober auf, öfter noch Anfang und im weiteren Novemberverlauf, um zuweilen bis in den März zu bleiben. In milden Wintern setzt schon im Januar Rückwanderung in die Berge ein; dann kommen sie im Spätherbst nach Alma-Ata (BORODICHIN 1968, GAWRILOW et al. 1968). Zahl der Buschhähnchen und die Daten ihrer Wanderungen sind von Jahr zu Jahr verschieden. In den Vorbergen des Dshungarischen Alatau, im Norden sowohl nahe Kopal als auch im Süden bei Panfilow, treten sie fast einen Monat früher in Erscheinung als im Zailijsker (ZARUDNYJ u. KOREJEW 1906; Coll. Zool. Inst. Leningrad).

3. In manchen Jahren weichen sie strenger Kälte und vielem Schnee ins Ili-Tal aus (an der Kaskelenka-Mündung Schwärme am 5. 12. 1962 u. 27. 1. 1963, GAWRILOW et al. 1968). Bei den ersten Anzeichen des Frühlings in Ebenen und Vorbergen setzen sich die Vögelchen bergwärts in Bewegung und besetzen im Zailijsker Alatau die Fortpflanzungsräume an der Obergrenze des *Picea*-Gürtels Anfang April (DEREWJAGIN 1940).

Im oberen Huangho-Bassin kann man im Winter *sophiae*, *obscura* und *major* zusammen antreffen.

Auch in der kalten Jahreszeit lockert sich ihre Bindung an Buschformationen nicht. Sogar nach ausgiebigem Niederschlag befreit die Sonne solche Komplexe rasch von dicker Schneekappe und macht die Nahrung wieder zugänglich. Im Zerawschan-Tal setzt sich diese Vegetation aus *Hippophaë rhamnoides*, *Elaeagnus angustifolia*, *Tamarix ramosissima* und *Ephedra* zusammen (SAGITOW 1962); in den Vorbergen vom Zailijsker Alatau ist es Gestrüpp aus Rosen, Geißblatt, Schlehen, Ölweide und anderen *Salix*-Arten (DEREWJAGIN 1940). Außerdem besuchen sie gern Gärten und sogar Stadtparks. Dort halten sie sich ebenso in Gebüsch und hohem Gras auf.

XII

1984

# *Phylloscopus tytleri* Brooks

bearbeitet von

E. v. VIETINGHOFF-SCHEEL

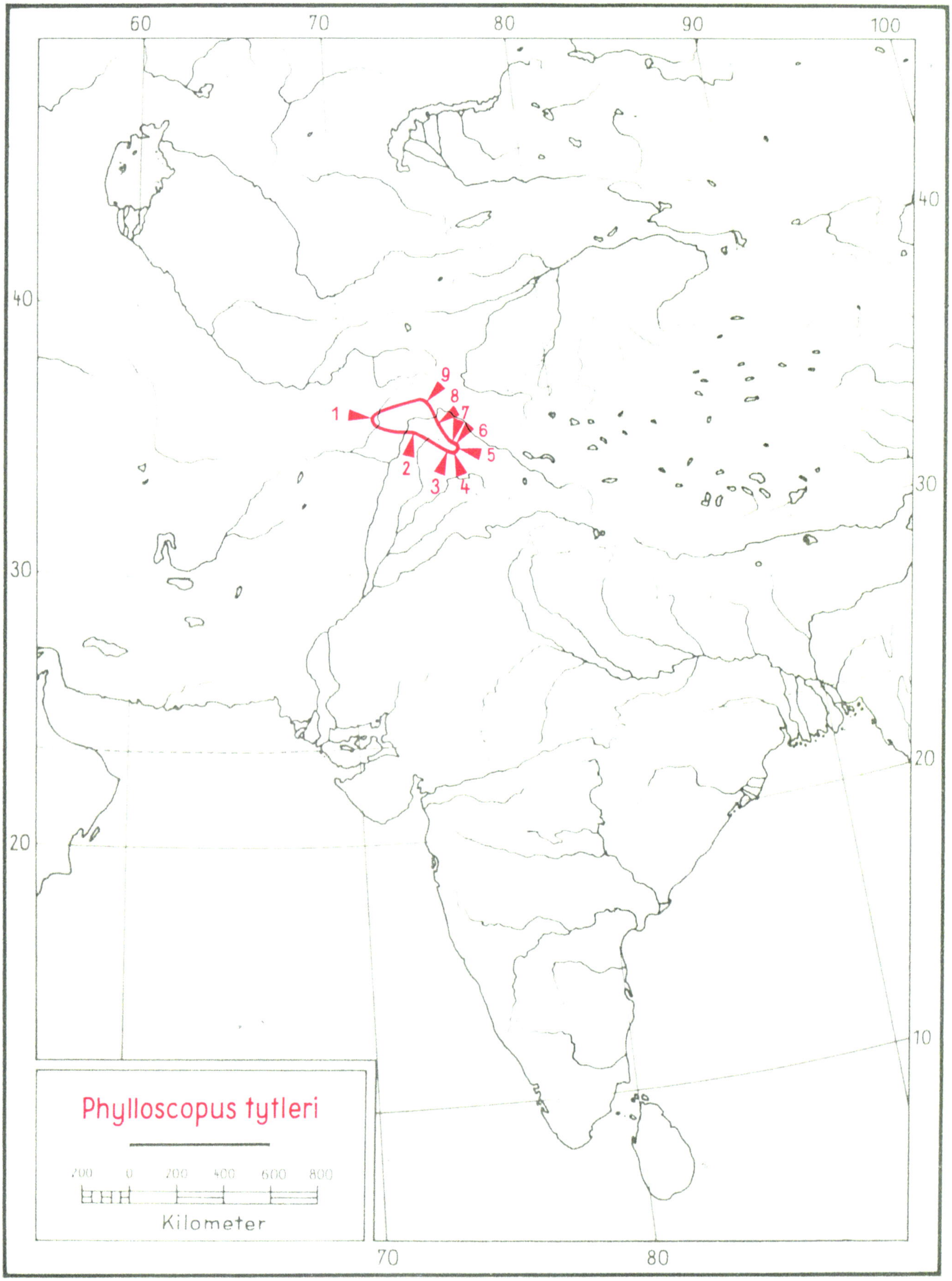

60
70
80
90
100
40
30
20
10
1
2
3
4
5
6
7
8
9
Phylloscopus tytleri
200
0
200
400
600
800
Kilometer
70
80

## FUNDORTLISTE

| | | |
|---|---|---|
| 1. Pashki (Nuristan) | Bs | Paludan 1959 |
| 2. Kaghan-Tal | Ns | Whitehead 1914 |
| 3. Gulmarg | Na | Osmaston 1926 |
| — Tangmarg | B | Martens (brfl. 1982) |
| 4. Tanin | N | Bates u. Lowther 1952 |
| 5. Baltal (12. VIII.) | A | Sharpe 1891 |
| 6. Zojyi la (14. VIII.) (= Zoji La, außerh. d. Brutzeit | Ac | Stoliczka 1874 |
| | | Martens (brfl. 1982) |
| 7. Sonamarg | N | Davidson 1898, Osmaston 1926 |
| | B | Martens (brfl. 1982) |
| — Gaggan Gir | A | Osmaston 1930 |
| 8. Astor | A | Biddulph 1882 |
| 9. Nulter-Tal (Gilgit) | As | Biddulph 1881 |
| | B | Biddulph 1882 |

## LITERATUR


Ali 1955 — J. Bombay Nat. Hist. Soc. 52, 761.
Bates u. Lowther 1952 — Breeding Birds Kashmir. London. 129–131.
Betts 1930 — J. Bombay Nat. Hist. Soc. 34, 569.
Biddulph 1881 — Ibis (4) 5, 66.
Biddulph 1882 — Ibis (4) 6, 279.
Davidson 1898 — Ibis (7) 4, 16.
Davison 1883 — Stray Feathers 10, 394.
Fleming u. Traylor 1968 — Fieldiana: Zool. 53/3, 180.
Gaston 1978 — J. Bombay Nat. Hist. Soc. 75, 124.
Grub u. Ali 1976 — J. Bombay Nat. Hist. Soc. 73, 51.
Inglis 1904 — J. Bombay Nat. Hist. Soc. 16, 70.
Jones 1918 — J. Bombay Nat. Hist. Soc. 26, 605.
Osmaston 1913 — J. Bombay Nat. Hist. Soc. 22, 535.
Osmaston 1926 — J. Bombay Nat. Hist. Soc. 31; 188, 990.
Osmaston 1930 — J. Bombay Nat. Hist. Soc. 34, 113.
Paludan 1959 — Vidensk. Medd. Dansk nat. hist. Foren. 122, 228.
Sharpe 1891 — Sec. Yarkand Miss. Aves. London. 77.
Stoliczka 1874 — Stray Feathers 2, 462.
Whitehead 1914 — J. Bombay Nat. Hist. Soc. 23, 106.


Briefliche Auskunft erteilte J. Martens (West-Himalaya).

# *Phylloscopus tytleri* Brooks

### Kaschmir-Laubsänger

### Gliederung und Verbreitung

Monotypische Art. Mit einer Ausnahme (Nuristan in Afghanistan; Paludan 1959) befinden sich die wenigen bis jetzt bekannten Sommervorkommen dieser Art auf nordindischem Gebiet in Gilgit, im Hazara-Distrikt und in Kaschmir. Über eine zu vermutende Ausdehnung des Brutraumes liegen unseres Wissens keine Mitteilungen vor.

### Oekologie

*Phylloscopus tytleri* kann zu den bisher wenig erforschten Arten gerechnet werden, denn die spärlichen Nachrichten über seine Lebensweise lassen nur ein unvollständiges oekologisches Bild entstehen. Im gesamten Brutgebiet ist er nicht häufig und an Nadelwaldbestände gebunden. Paludan (1959) fand ihn als seltenen Brutvogel in hohen Exemplaren von „*Pinus excelsa*“ (= *Pinus wallichiana*, Tränenkiefer) und an einem mit „*Abies*“ und Buschwerk bewachsenen Hang in 2550 m Höhe. Im Kaghan-Tal (P. 2) ist er als ebenfalls seltener Brüter in Kiefernforsten ab 2700 m bis zur Baumgrenze angetroffen worden (Whitehead 1914). Nach Osmaston (1926) liegen die Kashmir-Vorkommen in Silbertannen-Wäldern zwischen 2400 und 3000 m Höhe, hauptsächlich dort aber, wo die Wälder mit kleinen sonnigen Lichtungen durchsetzt sind und sich strauchiger Unterwuchs, u. a. aus *Viburnum*, gebildet hat.

2 Nester aus Kashmir vom 9. und 11. Juni, rund, mit seitlicher Öffnung, aus Federn, Gras, Birkenrinde, Pferde- oder Mäusehaaren gefertigt, enthielten 4 bzw. 5 reinweiße Eier und waren in Astgabeln kleiner gefällter Bäume gebaut (Davidson 1898). Mitunter bilden auch Flechten und Moosteilchen, durch Federn verbunden, die Nestsubstanz (Osmaston 1926).

### Wanderungen

Die Lage der Überwinterungsgebiete läßt zwei Zugwege erkennen. Nach Südosten ziehend gelangen die Kaschmir-Laubsänger bis in die Madhubani-Subdivision (Darbhanga 8. 10.; Inglis 1904) und in das Gebiet zwischen Nepal und Bengalen, nach Gorakhpur (18. 2.; Osmaston 1913). Auf dem Rückzug konnten sie in den Simla-Bergen (Davison 1883, Jones 1918) und, erstmals für Nepal, am 9. 4. südlich von Rupal im Dandeldhura-District (Fleming u. Traylor 1968) nachgewiesen werden.

Wahrscheinlich strikt in Nordsüd-Richtung fliegend, dabei die Bergrücken bei Delhi streifend (23. 8., Gaston 1978), gelangen die Vögel in ihre im westlichen Indien liegenden Winterquartiere in Gujarat: Malegaon (Ali 1955); Goa: Canacona/Western Ghats (Grub u. Ali 1976); Nilgiris: Ootacamund/Eastern Ghats (22. 1., 10. 3.; Davison 1883; 28. 9.; Betts 1930).

XII

1984

# *Phylloscopus pulcher* Blyth

bearbeitet von

E. v. VIETINGHOFF-SCHEEL

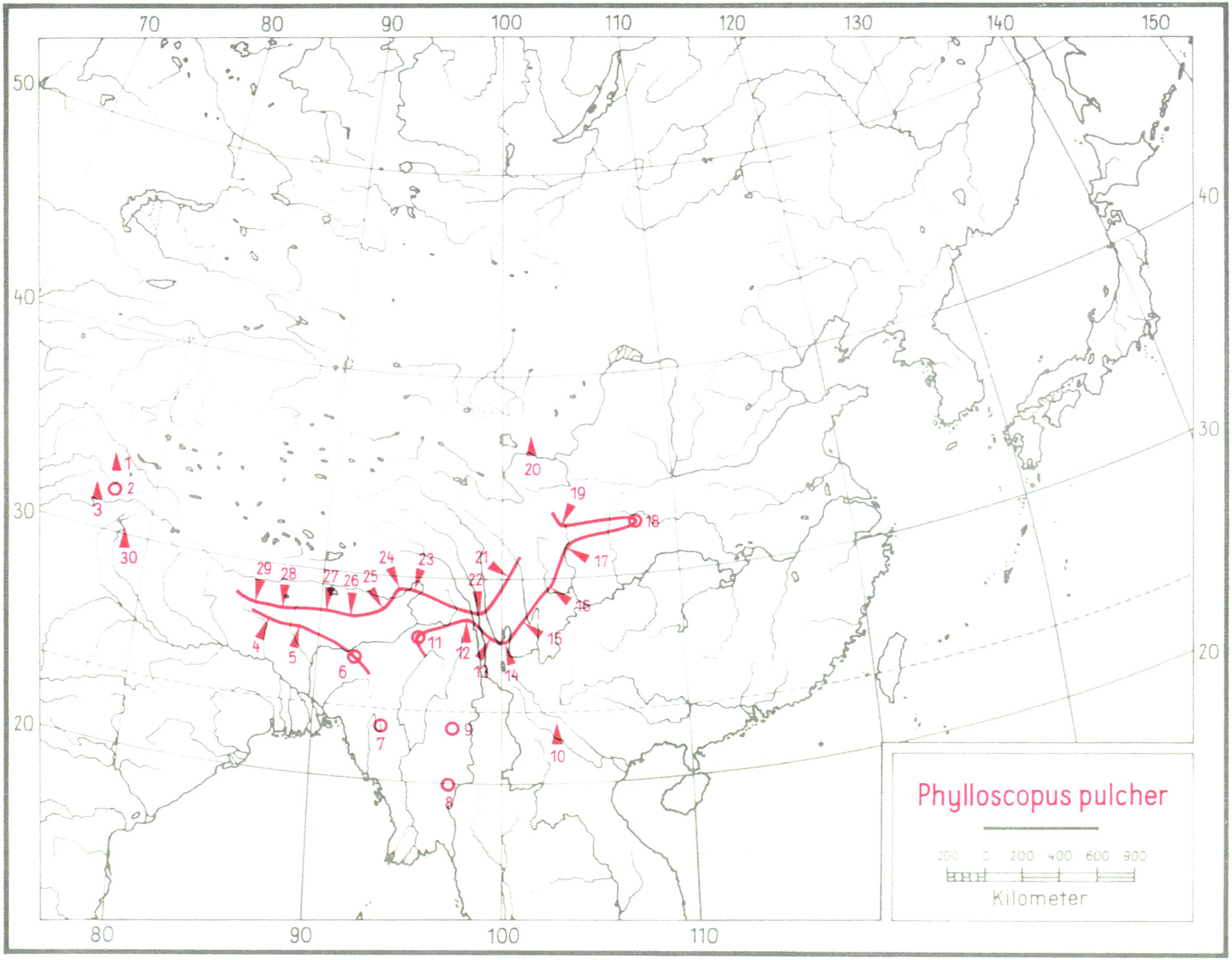
Phylloscopus pulcher
200 0 200 400 600 800
Kilometer

## FUNDORTLISTE

| | | | |
|---|---|---|---|
| 1. | Debring | As | Osmaston 1930 |
| 2. | Kulu: Jalauri-Paß | Bc | Whistler 1926b |
| — | Rahla | J | Whistler 1926b |
| 3. | Duala Dhar (Kangra) | Bc | Whistler 1926b |
| 4. | Gandak-Kosi-Wasserscheide (Frühling) | | Proud 1952 |
| — | Dhankuta-District: Chainpur | A | Biswas 1974 |
| — | Berg Chordung (Jiri u. Thodung, III. u. IV.) | A | Martens 1980 |
| 5. | Changu | A | Ludlow u. Kinnear 1937 |
| 6. | Khasia Hills | A | Baker 1907 |
| 7. | Chin Hills | N | Wickham 1918, 1929 |
| 8. | Südliche Shan-Staaten ($97^{50}$—$96^{30}$ E/$20^{45}$—$19^{30}$ N) | | Rippon 1901 |
| 9. | Shan Hills | A | Wickham 1929 |
| 10. | Fansipan | As | Delacour 1930 |
| 11. | Kachin Hills | A | Wickham 1929 |
| 12. | Adung-Tal | Ac | Kinnear 1934 |
| 13. | Chou-yu-gko (IV.) | | Greenway 1933 |
| 14. | Likiang-Gebirge (X.) | A | Riley 1926, 1931 |
| 15. | Kulu (14. u. 18. IV.) | | Bangs 1932 |
| — | Berg Konka (Muli) | A | Riley 1931 |
| 16. | Waschan | A | Stresemann 1923 |
| 17. | Gung Tang Goh | A | Traylor 1967 |
| 18. | Region zw. Tsinling u. Ta-Pa-Shan | A | Cheng (Msk.) |
| 19. | Sungpan | Bc | Stresemann 1923 |
| — | Hwanglungsze | Bc | Stresemann 1923 |
| 20. | Kimar (18. IX.) | | Stresemann et al. 1937 |
| 21. | Litang (24. IX.) | | Schäfer u. Meyer de Schauensee 1939 |
| 22. | Tseh Chung-Berge (X.) | | Riley 1926 |
| 23. | Nam La (2. IX.) | | Ludlow 1951 |
| — | Lusha La | A | Ludlow 1944 |
| 24. | Temo La | A | Ludlow 1951 |
| 25. | Yarap, Tsari | A | Ludlow 1944 |
| 26. | Sakden (22. X.) | A | Ludlow u. Kinnear 1937 |
| 27. | Narim Thang | J | Ludlow u. Kinnear 1937 |
| 28. | Langtang-Tal | A | Polunin 1955 |
| — | Khumjung | ABJc | Diesselhorst 1968 |
| — | Phunki | B | Diesselhorst 1968 |
| 29. | Thaksang | A | Martens 1980 |
| — | Thankur | A | Martens 1980 |
| 30. | Tehri-Garhwal | N | Whymper 1907 |

## LITERATUR


Ali 1979 — Field Guide Birds Eastern Himalayas. Delhi-London-New York. 183.
Baker 1907 — J. Bombay Nat. Hist. Soc. 17, 792.
Bangs 1932 — Field Mus. Nat. Hist. Publ. 314, Zool. Ser. 18/11, 363.
Biswas 1974 — J. Bombay Nat. Hist. Soc. 71, 483—484.
Deignan 1963 — Checklist Birds Thailand. Washington. 172—173.
Delacour 1930 — Ibis (12) 6, 583.
Diesselhorst 1969 — Khumbu Himal. Innsbruck—München. 273—275.
Greenway 1933 — Bull. Mus. Comp. Zool. Harvard 74/5, 147.
Greenway 1940 — Bull. Mus. Comp. Zool. Harvard 87/3, 190.
Inglis et al. 1918 — J. Bombay Nat. Hist. Soc. 26, 991.
Kinnear 1934 — J. Bombay Nat. Hist. Soc. 37, 361.
Ludlow 1944 — Ibis 86, 200.
Ludlow 1951 — Ibis 93, 563.
Ludlow u. Kinnear 1937 — Ibis (14) 1, 287.
Martens 1980 — Fortschr. Verhaltensf. 22, 41—43.
Meinertzhagen 1927 — Ibis (12) 3, 420.
Osmaston 1930 — J. Bombay Nat. Hist. Soc. 34, 122.
Polunin 1955 — J. Bombay Nat. Hist. Soc. 53, 892.
Proud 1952 — J. Bombay Nat. Hist. Soc. 50, 364.
Rand u. Fleming 1957 — Fieldiana: Zool. 41/1, 165.
Riley 1926 — Proc. Unit. States Nat. Mus. 70/5, 43.
Riley 1931 — Proc. Unit. States Nat. Mus. 80/7, 65.
Riley 1938 — Birds Siam, Malay Peninsula. Washington. 432—433.
Rippon 1901 — Ibis (8) 1, 537.
Schäfer 1938 — J. Orn. 86 (SH.), 245.
Schäfer u. Meyer de Schauensee 1939 — Proc. Acad. Nat. Sci. Philadelphia 40, 231.
Stanford u. Mayr 1941 — Ibis (14) 5, 240.
Stevens 1924 — J. Bombay Nat. Hist. Soc. 39, 1020.
Stresemann 1923 — Abh. Ber. Tierk. Völkerk. Dresden 16/2, 15.
Stresemann, Meise, Schönwetter 1937 — J. Orn. 85, 530—531.
Stresemann u. Heinrich 1940 — Mitt. Zool. Mus. Berlin 24/2, 193—194.
Traylor 1967 — Fieldiana: Zool. 53/1, 37.
Whistler 1926a — Ibis (12) 2, 574.
Whistler 1926b — J. Bombay Nat. Hist. Soc. 31, 470.
Whymper 1907 — J. Bombay Nat. Hist. Soc. 17, 818.
Wickham 1918 — J. Bombay Nat. Hist. Soc. 25, 750.
Wickham 1929 — J. Bombay Nat. Hist. Soc. 33, 825.


Außerdem stand ein unveröffentlichtes Manuskript E. Schäfers zur Verfügung.

## *Phylloscopus pulcher* Blyth

Weißschwanzlaubsänger

Verwandtschaft

Im System zwischen *Phylloscopus schwarzi* (Radde) und *Phylloscopus inornatus* (Blyth) einzuordnen.

Gliederung und Verbreitung

Im östlichen Teil, die größte Fläche des Verbreitungsgebietes einnehmend, siedelt die Nominatform *Phylloscopus pulcher pulcher* Blyth ab etwa 85° E in Sikkim über Bhutan bis hin zum nördlichen Burma mit den südlichsten Vorkommen, von dort nach Norden gehend über Yünnan nach Kansu. Funde aus Nord-Tonkin (Fansipan, P. 10), aus dem Gebiet zwischen Tsinling und Ta-Pa-Shan (P. 18) und östlich des Kuku-nor (P. 20) liegen offenbar verbindungslos vom Hauptareal entfernt, ob als Vorposten oder Relikte, ist unbekannt.

Nur wenige Angaben aus dem nordwestlichen Himalaya markieren die Verbreitung der Unterart *Phylloscopus pulcher kangrae* Ticehurst, die oberseits und an den Flügelenden mehr gelblich-oliv als die Nominatform gefärbt ist.

Oekologie

*Phylloscopus pulcher* ist weitestgehend Standvogel und weicht in den Wintermonaten aus den sommers besiedelten Hochgebirgen, die er mitunter bis über die Baumgrenze hinaus bewohnt (Ludlow 1951), in tiefere Lagen zurück. Der gegen Witterungs- und Temperaturstürze sehr empfindliche Vogel ist daher auch in der warmen Jahreszeit teilweise umfangreichen Vertikalverschiebungen unterworfen (Schäfer 1938). Die üblichen für ihn zutreffenden Höhen liegen u. a. bei 3000 m im Ost-Himalaya (Ali 1979), im Hsifanbergland und Osttibet zwischen 2500 und 4000 m (Schäfer l. c.), in Ost-Nepal bei 3600–4300 m, wo dort nach Meinung Diesselhorsts (1968) die Grenzen der Brutverbreitung liegen. Winterfunde aus Gangtok bei 1900 m (Schäfer unveröffentl.) dürften die bisher niedrigst gelegenen sein.

Die Habitatformen gleichen sich im gesamten Areal auffallend. So leben die Weißschwanzlaubsänger im allgemeinen in Nadel-Laubmischwäldern aus Birken, Eichen oder Pappeln, in Rhododendrongestrüppen, in niedrigem Strauchwerk, Wacholderdickichten und bebuschten Waldlichtungen (Ali 1979, Stresemann 1923, Schäfer 1938, Ludlow 1951). Für den Khumbu-Himal sind *Abies webbiana-Betula utilis*-Gesellschaften besonders charakteristisch (Diesselhorst l. c.). Als Nahrung dienen hauptsächlich Insekten.

Einzelheiten über das Brutgeschehen liegen nur in knappen Daten vor: Ein Nest mit 5 Eiern vom 5. 6. aus dem Kangra-District (Whistler 1926 a); zwei Nester mit 3 und 4 frischen Eiern vom 23. und 26. 6. aus Tehri-Garhwal waren sehr unordentliche Gebilde aus Moos, trockenem Gras und Haaren, mit Federn verbunden (Whymper 1907). – Ein Nest mit 4 frischen Eiern fand Weigold (Stresemann 1923) am 12. 7. in einem niedrigen Busch etwa 30 cm vom Boden entfernt nahe der Baumgrenze; am 19. 7. wurden die Jungen gefüttert. Von Diesselhorst (l. c.) gefundene Nester befanden sich teils zwischen 0,60 und 2 m über dem Grund in Tannenstämmchen und einem *Berberis*-Busch, auch teils goldhähnchenartig in die äußeren Zweige von Tannen gehängt. Eifarbe: Rotbraun gefleckt auf weißem Grund. Vermutlich erfolgt nur eine Brut.

Wanderungen

Echtes Zuggeschehen ist von *Phylloscopus pulcher* nicht bekannt. Außer den bereits erwähnten witterungsbedingten Vertikalverschiebungen in den Sommermonaten wissen wir nur von saisonalen Streifereien, die entweder noch im Brutgebiet stattfinden oder mehr oder weniger weit daran angrenzend enden. Mit Einbruch des Winters ziehen sich die Vögel aus ihren hochgelegenen Revieren in geschütztere Tieflagen zurück, die ihnen in den kalten Monaten noch ausreichende Nahrung bieten können. Winterbeobachtungen liegen u. a. vor vom Sikkim-Himalaya, wo sie besonders zwischen November und Februar reichlich auftraten (Stevens 1924), aus Darjeeling und Phalut (Meinertzhagen 1927), aus dem Jalpaiguri-District/Bengal (Inglis et al. 1918) und Mussoori (Rand u. Fleming 1957), aus Thailand bei Chiang Mai (Deignan 1963), aus Siam vom Doi Sutep-Gipfel (Riley 1938) und Mount Angka (Greenway 1940), aus Nord-Burma bei Gangfang (Stanford u. Mayr 1941); ab Ende März und im April bis zum 10. Mai waren sie recht häufig am Mount Victoria zu beobachten (Stresemann u. Heinrich 1940).

XII

1984

# *Phylloscopus armandi* (Milne-Edwards)

bearbeitet von

E. v. VIETINGHOFF-SCHEEL

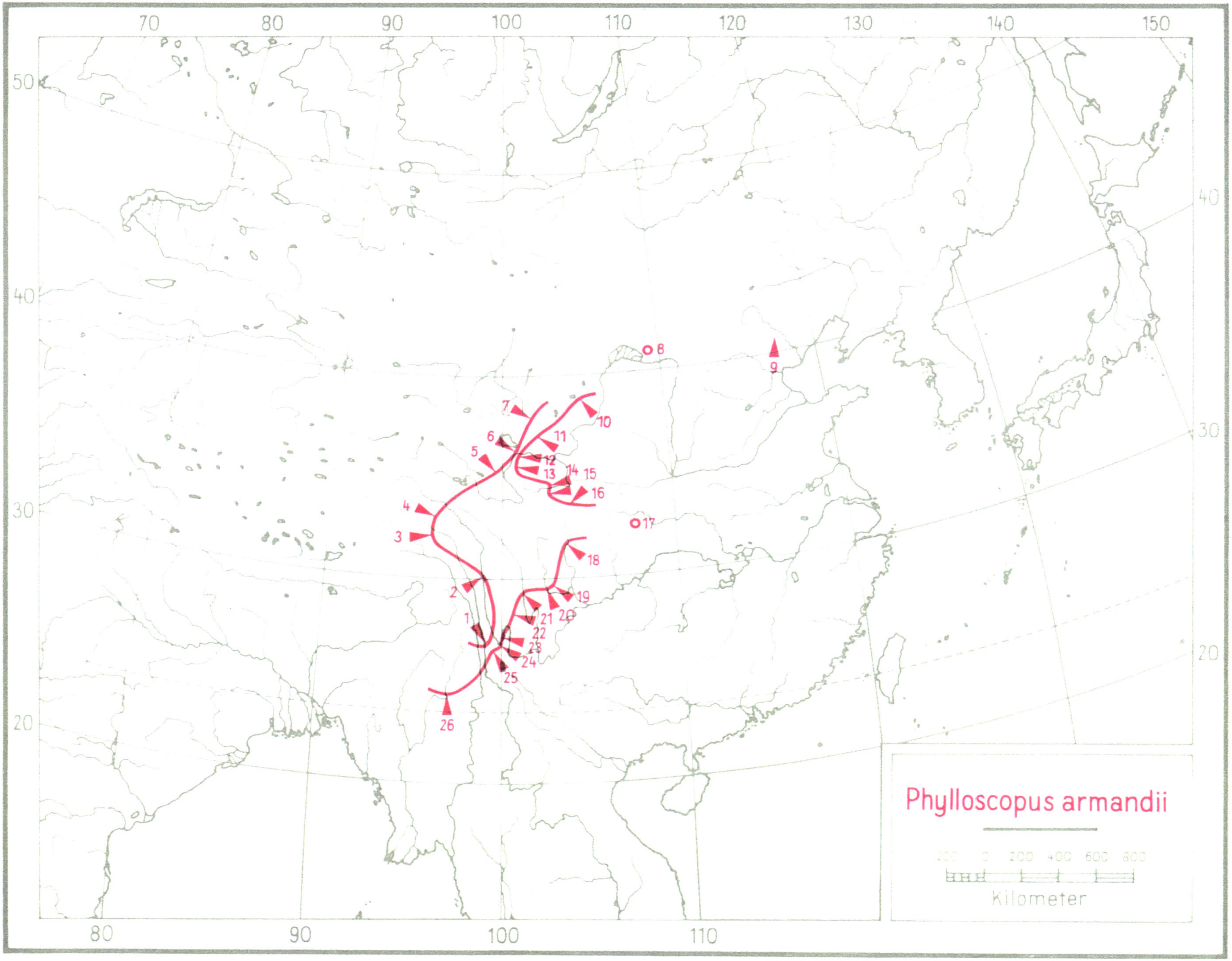

Phylloscopus armandii
200 0 200 400 600 800
Kilometer

## FUNDORTLISTE

| | | | |
|---|---|---|---|
| 1. | Fuchuanshan (IX.) | | Riley 1931 |
| — | Tao-mung-chung | A | Greenway 1933 |
| 2. | Batang (27. X.) | A | Stresemann 1923<br>Schäfer u. Meyer de Schauensee 1939 |
| 3. | Lager 90 | A | Schäfer u. Meyer de Schauensee 1939 |
| 4. | Jyekundo | A | Schäfer u. Meyer de Schauensee 1939 |
| 5. | Chasora-Fluß | A | fide Vaurie 1972 |
| 6. | Kung-ho-ku-chi | A | fide Vaurie 1972 |
| 7. | Sung-schu-dschuang | A | Stresemann et al. 1937 |
| 8. | Muni-ula | AJs | Pleske 1889 |
| 9. | Jingschujingsze | A | Stresemann 1923, Weigold 1935 |
| 10. | Suburganj-gol (30. IV.) | | Bianchi 1916 |
| — | Schlucht Czosto (9. V.) | A | Bianchi 1916 |
| 11. | Tschau-tou | A | Stresemann et al. 1937 |
| — | Betschuän-ho | Bc | Stresemann et al. 1937 |
| 12. | Gui-dui | Ac | Pleske 1889 |
| — | Gomi | Ac | Pleske 1889 |
| 13. | Mudshik-che | Ac | Pleske 1889 |
| 14. | Tao-Fluß bei Choni | A | Bangs u. Peters 1928 |
| 15. | Minshan-Gebirge: Kwadjakü | A | Bangs u. Peters 1928 |
| 16. | Lotani (Ende IX.) | A | Berezowskij u. Bianchi 1891 |
| — | Io-dzamj-pu | A | Berezowskij u. Bianchi 1891 |
| 17. | Region zwischen Tsinling u. Ta-Pa-Shan | A(B ?) | Cheng (Mskr.) |
| 18. | Mautschou | A | Stresemann 1923 |
| — | Sungpan | Bc | Stresemann 1923 |
| 19. | Omei Shan | A | Shaw 1932 |
| 20. | Waschan (24. IV.) | | Stresemann 1923 |
| 21. | Chiu-lung-hsien | A | Riley 1931 |
| 22. | Mutirong | A | Riley 1931 |
| 23. | Bayiwua | A | Riley 1926 |
| — | Heshwe | A | Riley 1926 |
| 24. | Likiang-Gebirge | A | Riley 1926 |
| 25. | Chien-Chuan-Tal =( Kienchwan-Tal) | A | Ticehurst 1934 |
| 26. | Sinlum | Ac | Harington 1910 |

## LITERATUR


Bangs u. Peters 1928 — Bull. Mus. Comp. Zool. Harvard 58/7, 357.

Berezowskij u. Bianchi 1891 — Aves Exped. Potanini Gan-su. St.-Petersb. 84.

Bianchi 1916 — Ann. Mus. Zool. Petrograd 20, 44.

Cheng 1976 — Distrib. List Chin. Birds. Peking. 749.

Deignan 1945 — Birds Northern Thailand. Washington. 471.

Deignan 1963 — Checklist Birds Thailand. Washington. 172.

Delacour u. Jabouille 1931 — Ois. Indochine Franç. Paris. 3, 173.

Greenway 1933 — Bull. Mus. Comp. Zool. Harvard 74/5, 144.

Harington 1910 — J. Bombay Nat. Hist. Soc. 20, 374.

Meyer de Schauensee 1934 — Proc. Acad. Nat. Sci. Philadelphia 86, 230.

Pleske 1889 — Wiss. Res. Przewalski Centr.-Asien. St.-Petersb. 119–122.

Riley 1926 — Proc. Unit. States Nat. Mus. 70/5, 43–44.

Riley 1931 — Proc. Unit. States Nat. Mus. 80/7, 64.

Schäfer 1938 — J. Orn. 86 (SH.), 246.

Schäfer u. Meyer de Schauensee 1939 — Proc. Acad. Nat. Sci. Philadelphia 40, 230–231.

Shaw 1932 — Bull. Fan Mem. Inst. Biol. 3/15, 225.

Stanford u. Mayr 1941 — Ibis (14) 5, 239.

Stanford u. Ticehurst 1938 — Ibis (14) 2, 422.

Stresemann 1923 — Abh. Mus. Tierk. Völkerk. Dresden 16/2, 15.

Stresemann, Meise, Schönwetter 1937 — J. Orn. 85, 534–535.

Stresemann u. Heinrich 1940 — Mitt. Zool. Mus. Berlin 24/2, 194.

Ticehurst 1934 — Bull. Brit. Orn. Cl. 54/374, 96–98.

Weigold 1935 — J. Orn. 83 (SH.), 84.

Vaurie 1972 — Tibet and its Birds. London. 271.

# *Phylloscopus armandi* (Milne-Edwards)

David-Laubsänger

## Verwandtschaft

Über die verwandtschaftliche Beziehung wurde bei *Phylloscopus schwarzi* (Radde) in Lieferung 8 näher eingegangen.

## Gliederung und Verbreitung

Es existieren zwei Unterarten: Der blassere und oberseits etwas grauere *Phylloscopus armandi armandi* (Milne-Edwards) im Norden des Areals, das von den Gebirgen des nördlichen China, dem Ala-Schan und Muni-Ula, dem östlichen Kuku-nor-Gebiet und Kansu bis etwa 30° N in Szechuan reicht, und der ein wenig dunklere, brauner und wenig grau gefärbte *Phylloscopus armandi perplexus* Ticehurst, der sich südlich an die Nominatform in Nord-Yunnan anschließt und vielleicht auch in den höheren Berglagen in Burma als Brutvogel vorkommen kann (P. 26).

## Oekologie

Die Informationen über *Phylloscopus armandi* sind spärlich. Weigold (Stresemann 1923) bezeichnet ihn als gemeinen Brutvogel der Gebüsche in der Trockenformation der Hänge und Täler von Sungpan (P.-18) quer durch Südost-Tibet bis zum Mekong, im Min-Tal zur Brutzeit bei Sungpan von 1300–3400 m, bis etwa 3800 m in Tibet. Auch im Schäferschen (1938) Beobachtungsgebiet gilt er als „durchaus gemeiner Brutvogel des Hsifanberglandes und mehr noch der tibetischen Region, wo er die Trockenbuschvegetation der Schluchttäler wie auch der flachen Wannentäler in der Gerstenbauzone von 1500 – etwa 3900 m bevölkert." Den Angaben Beicks (Stresemann et al. 1937) ist ebenfalls zu entnehmen, daß diese Laubsänger offenbar stets in reichlicher Menge anzutreffen sind, denn auch er berichtet vom häufigen Auftreten zur Brutzeit in den Strauchdickichten am Betschuän-ho (P.-11). Am Fluß Tschurmyn, einem Nebenfluß des Hwang-ho, hält sich *Phylloscopus armandi* in bedeutender Anzahl ausschließlich im dichten Gestrüpp der Ufer bis in ca. 2700 m Höhe auf und nistet in Laubwaldungen in der Nähe fließender Gewässer (Pleske 1889). In der Umgebung von Choni (Kansu; P. 14) waren es hauptsächlich Weiden- oder Pappelwälder, Fichtenwälder oder Weidengestrüppe, die von den Vögeln häufig aufgesucht wurden.

In ihren Winterquartieren ( z. B. dem nördlichen Thailand) hielten sich die Laubsänger im niedrigen Unterholz trokkener Laubwälder bei ca. 330 m auf und im Gebiet des Mt. Victoria (West-Burma) im Krautwuchs entwaldeter Hänge, wo sie im Gegensatz zu anderen *Phylloscopus*-Arten ein recht verstecktes Leben führten (Stresemann u. Heinrich 1940).

Vermutlich erstreckt sich die Brutzeit über die Monate Juni–Juli: Ein Nest im Bau am 14. 6. bei Sungpan; 4 frische Eier am 23. 6. Das Nest befand sich in niedrigem Gebüsch, 15 cm vom Boden entfernt, aus grobem Gras kugelförmig auf ovaler Unterlage gebaut, mit seitlicher Öffnung und ausgepolstert mit Federn von *Phasianus colchicus* (Stresemann 1923). – Ein Nest mit fünf frischen Eiern am 18. 6. in dichtem Berberitzenstrauch, aus trockenen Grasstengeln und ebenfalls kugelförmig mit seitlichem Flugloch. Eifarbe weiß mit lehmfarbenen Punkten (Pleske 1889). – Ein Weibchen mit Brutfleck vom 16. 6., ansonsten häufig am Betschuän-ho zwischen dem 13.–17. 6. (Stresemann et al. 1937).

## Wanderungen

Über Zugdaten sind wir im einzelnen nicht ausreichend unterrichtet; unsicher scheint zu sein, ob *Phylloscopus armandi armandi* die gleichen Lokalitäten wie *Ph. a. perplexus* aufsucht. Deignan (1945) erwähnt in diesem Zusammenhang nur, *Ph. a. perplexus* erscheine in genau den gleichen ariden Wäldern wie *armandi* und nennt beide Unterarten (s. u.) für Nord-Thailand (Deignan 1963) als Wintergäste aus dem Norden. Schäfers (1938) Beobachtung, daß sich diese wetterharten Vögel noch bis in den Dezember hinein in den tiefen Schluchttälern der meridionalen Stromfurchen Tibets aufhalten, könnte darauf hinweisen, daß einige Exemplare auch im Winter nahe ihrer Brutplätze verbleiben.

Mit Sicherheit liegen echte Winterquartiere im nördlichen Thailand, wo die Laubsänger am 15. 1. bei Doi Suthep, am 20. 12. bei Ba San Pa Pao, am 19. 3. und 28. 1. bei Chiang Mai (Deignan 1945, Meyer de Schauensee 1934) gefunden wurden, außerdem im nördlichen Burma am 22. 10. bei Sima (Stanford u. Ticehurst 1938), am 14. bei Htawgaw (Stanford u. Mayr 1941), im westlichen Burma am Mt. Victoria am 8. 3., 12., 14., 21. 3., 4. 4., bei Kyundaw vom 30.–31. 1., bei Kyaukswe vom 24.–25. 2. Ein Nachweis liegt aus Nord-Laos bei Phongsaly (Delacour u. Jabouille 1931) vor. Cheng (1976) bezeichnet *armandi* als „selten gesehenen Zugvogel" bei Yan-tai in Shandung.

XII

1984

# *Phoenicurus erythrogaster* (Güldenstädt)

bearbeitet von

I. A. NEUFELDT und E. v. VIETINGHOFF-SCHEEL

Tien-Schan (außer im Fergana-, Tschatkal- und Talasskij-Alatau), möglicherweise auch im Dshungarischen Alatau. Aus dem chinesischen Tien-Schan sind Funde östlich bis zum Juldus-Gebirge bekannt (PLESKE 1889). Ein isoliertes Brutvorkommen im östlichen Saur-Gebirge könnte die Verbindung zum Altai-Sajan-Changai-Teilareal bilden. Weiterhin besiedelt *erythrogaster* die alpinen Gürtel der meisten Gebirgssysteme des sowjetischen und mongolischen Altai und des Changaj- und Chentej-Gebirges. Die Nordgrenze dieses Arealteils geht durch die Zone der Bergtundra (= golcy) des Ost- und West-Sajan und durch die Ost-Tuwa-Vorberge. Die nördlichsten isolierten Brutplätze liegen in den Bergtundren (s. o.) des Baikal- und Barguzin-Gebirges. IZAMJLOW (1967) vermutete Vorkommen im nordöstlich gelegenen Mujskij-Gebirge im Witim-Plateau, STEPANJAN (1978) auch in den südlichen Ausläufern des Chamar-Daban-Gebirges (Baikal-See), die überleiten könnten zu Funden in der nördlichen Mongolei bei Tologutu (LÖNNBERG 1909). Vom asiatischen Hauptbrutgebiet losgelöst ist *Ph. e. erythrogaster* in den alpinen Lagen des Großen Kaukasus vom Oberlauf der Teberda bis zum Schach-Dag zu finden. — Die Annahme ZARUDNYJS (1896, 1911), *erythrogaster* brüte im Südkaspi-Gebiet, gründete sich auf das Vorhandensein eines einzigen Balges vom Winter 1891 und war für HARTERT (HARTERT u. STEINBACHER 1935) der Grund, den Nord-Iran in das Areal einzuschließen.

Spezialkarten der Verbreitung bei ABDUSALAMOW 1973 (Tadshikistan), JANUSCHEWITSCH et al. 1960 (Kirgisien), KUZJMINA 1970 (Kasachstan), PIECHOCKI u. BOLOD 1972 (Mongolei), CHENG 1976 (China).

## Oekologie

Oekologisch streng spezialisierte Art und einziger Vertreter der Gattung *Phoenicurus*, der ausschließlich die felsigen Hänge der alpinen Zone, die bis zur Grenze des ewigen Schnees und der Gletscher reicht, bewohnt, im Nordostteil des Areals aber die Bergtundren.

Im Zentral-Kaukasus brütet *erythrogaster* in der höchsten alpinen Stufe mit reichlich Felsen, großbrockigem Geröll, und Gletschermoränen bei 2800—3800 m (BÖHME 1926, BAZIEW u. TSCHUNICHIN 1963, TKATSCHENKO 1966). Den Pamir bewohnt er im oberen Teil der subalpinen und alpinen Zone von 3700 bis 4800 m (ABDUSALAMOW 1973, NIETHAMMER 1973, NOGGE 1973). Auf trockenen Plateaus ist das Vorhandensein von Feuchtstellen Bedingung für eine gesicherte Ernährung. Die meisten Vögel brüten an Felshängen und in Felsgelände sowie Moränen und Steinfluren von Flußufern mit angrenzenden Wiesen, wo sie ihre Reviere in Blockhalden in der Nähe von Grundwasservorkommen, Bächen und auch bei Schneeflächen behaupten (POTAPOW 1966). Manche besiedeln auch felsige Wasserscheiden. In einigen Gebirgszügen des Tien-Schan sind die Rotschwänze zur Brutzeit streng an die hochalpine Zone gebunden, in der sie nicht niedriger als 3000 m an Felsen und Blockfeldern leben (KORELOW 1956, KYDYRALIEW 1959, STEPANJAN 1960, WINOKUROW 1961, NEUFELDT et al. 1978), ohne auf die Nähe feuchter Wiesen verzichten zu können (KUZJMINA 1970). Nicht selten findet man auch Nester unter Hausdächern in bedeutend niedrigeren Höhen als in der freien Natur. Im Transili-Alatau wurde im Sommer 1968 in 2700 m Höhe an der oberen Grenze des Waldgürtels ein singendes Männchen bemerkt (NEUFELDT et al. 1978), aber ein Brutpaar konnte dort nur 1973 mit Sicherheit verzeichnet werden (KOWSCHARJ et al. 1978). — Starke sommerliche Schneefälle vertreiben die Rotschwänze mitunter in niedrigere Lagen (ein Männchen am 11. 6. 69 am Bolschoe-Almatinka-See, 2550 m; NEUFELDT et al. 1978). Im Altai und Sajan sinkt die Grenze der Höhenverbreitung in Abhängigkeit von der Alpinzonenhöhe auf 2000—3000 m (SUSHKIN 1938, BERMAN u. ZABELIN 1963, ZABELIN 1976) oder wie im Altai bei Schneefall auf 700 m (SUSHKIN l. c.), im Mongolischen Altai häufig auf 3000 m, aber nicht tiefer als 2500 m (TARASOW 1960). Im Baikal- und Barguzin-Gebirge brüten die Rotschwänze bei 1740—1800 m auf Felsen und Steinfeldern, die mit Strauchwerk und Zirbelkriechholz bewachsen sind (STEGMANN 1936, MALYSCHEW 1960, SKRJABIN u. FILONOW 1962). 1975 sporadische Brut nahe der Siedlung Dawsche (TSCHERNIKIN 1976).

Im Kentei, Changai (Mongolei) und in den Gebirgen Ost-Sibiriens, die den Baikalsee umgeben, brüten die Rotschwänze in den höchsten Zonen der Hochgebirgstundren.

In den Gipfelregionen der Südtetungschen Berge ist *erythrogaster* ein seltener Brutvogel (STRESEMANN et al. 1937); im Nan-Schan ist er zur Brutzeit in steinigen Klüften nicht tiefer als 3600 m angetroffen worden (PLESKE 1889). Als typisch für die hohen tibetischen Steinfluren bezeichnet ihn auch SCHÄFER (1938), erwähnt aber, daß er nicht in den schroffen himalayanischen Hochgebirgen des Hsifan-Berglandes, jedoch stellenweise in seinen Ausläufern vorkommt. Die südlichsten, in Sikkim gelegenen Funde stammen ebenfalls aus Hochlagen meist nicht unter 4200 m, wo sie BLANFORD (1872) an Fluß- und Seeufern sah, häufiger aber auf steinigen Berghängen, und mitunter auch an Gletscherrändern. — Die Zone der Vertikalverbreitung liegt im Khumbu-Gebiet (Nepal) bei 4900 und 5200 m. Das Habitat wird veranschaulicht durch kahle steinige Matten und Blockfelder, wo sich *erythrogaster* an die Zone der Bergrücken und Hangschultern hält und die Tallagen, die er nur bei Schneeeinbrüchen aufsucht, meidet (DIESSELHORST 1968).

Das tassenförmige Nest ist massiv und dickwandig, außen aus Würzelchen und Stengeln alpiner Gräser geformt, häufig mit Moos, selten mit Wolle untermischt. Die Auspolsterung besteht hauptsächlich aus Wolle von Wildtieren (*Ovis ammon*, *Capra caucasica*, *C. sibirica*, *Marmota*, *Lepus*), teils auch von Hausschaf, Ziege und Yak, in großer Menge auch aus Federn von *Tetraogallus*-Arten (*T. caucasicus*, *himalayensis*, *tibetanus*, *altaicus*), Tauben und Sperlingsvögeln; sehr selten wurde Pferdehaar verbaut (KYDYRALIEW 1959). Das Nest liegt versteckt zwischen Felsen und Steinen, in Höhlen von Felsblöcken und -wänden, manchmal in Nischen an Uferhängen, mitunter auch an Wänden unter Dächern von Steinbauten in Hochgebirgsgegenden, an Gletschern, in Siedlungen unterhalb der alpinen Zone (KYDYRALIEW 1956, MALY-

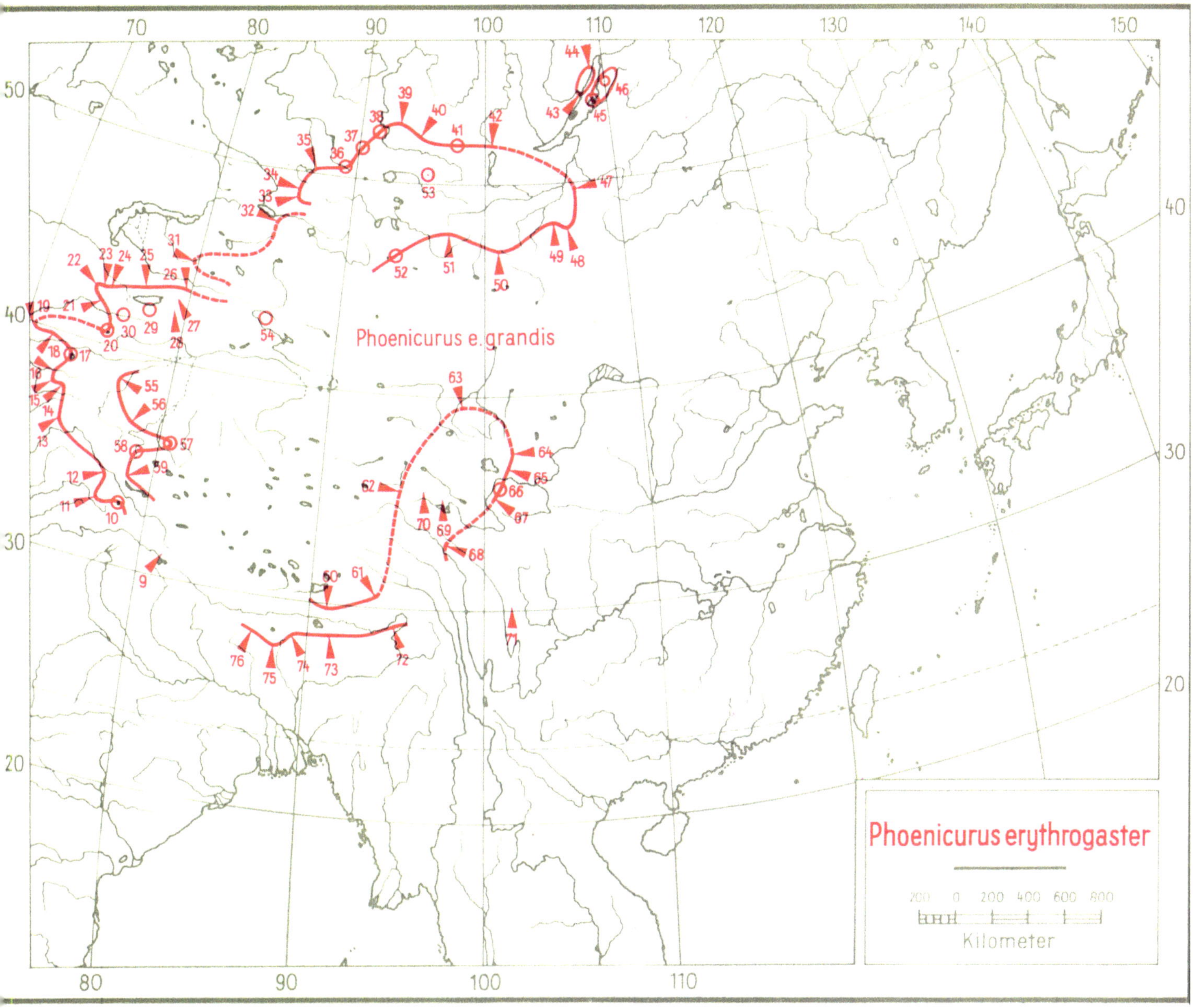
Phoenicurus e. grandis
Phoenicurus erythrogaster
200 0 200 400 600 800
Kilometer

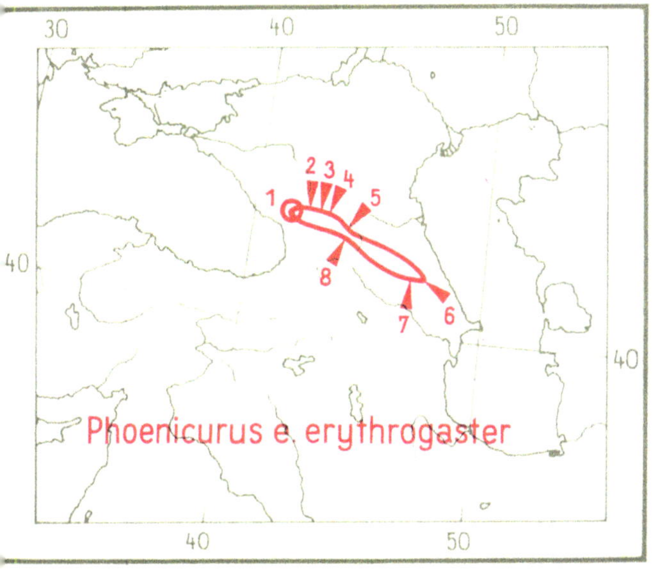
Phoenicurus e. erythrogaster

# FUNDORTLISTE

| | | | |
|---|---|---|---|
| 1. | Teberda-Schutzgebiet (Oberlauf d. Teberda) | Bs | Tkatschenko 1966 |
| 2. | Donguz-Orun Kel (Oberlauf des Bakran) | Bs | Baziew u. Tschunichin 1963 |
| – | Paß Betscho | BJs | Molamusow 1967 |
| – | Paß Donguz-Orun | BJs | Molamusow 1967 |
| 3. | Kestanty-Tau (Wasserscheide von Kestant u. Tschegem) | BJs | Baziew u. Tschunichin 1963 |
| 4. | Wasserscheide von Tscherek-Balkarskij u. Tscherek-Bezingijskij | BJs | Baziew u. Tschunichin 1963 |
| – | Wasserscheide von Tscherek-Balkarskij u. Sukan-Su | NJs | Baziew u. Tschunichin 1963 |
| 5. | Umgebung des Gletschers Citi (Dshimarinskij) | AJ | Rossikow 1894 |
| 6. | Kurusch | A | Böhme 1926 |
| – | Schach-Dag | A | Gambarow 1954 |
| 7. | Sarybasch (4. III.) | As | Serebrowskij 1925<br>Coll. Zool. Inst. Leningrad |
| 8. | Keli-See (Paß Krestowyj) | B | Banjkowskij 1912 |
| | | A | Coll. Zool. Mus. Mosk. Univ. |
| – | Tepi (Trusowskoje-Schlucht) | A | Böhme 1926 |
| – | Schlucht des Flusses Kistinki (Kibischa-Gletscher) | AJ | Böhme 1926 |
| 9. | Kailas-Gebirge | Ac | Ali 1946 |
| 10. | Karzok (Tsomoriri) | J | Osmaston 1925 |
| – | Tso-Kar | N | Osmaston 1925 |
| – | Debring | N | Osmaston 1925 |
| 11. | Kyelang | A | Whistler 1925 |
| 12. | Kargil (20. IV.) | A | Meinertzhagen 1927 |
| – | Moulbekh (25. IV.) | A | Meinertzhagen 1927 |
| – | Bod Kharbu (28. IV.) | A | Meinertzhagen 1927 |
| – | Lamayuru (28. IV.) | A | Meinertzhagen 1927 |
| 13. | Yassin (N Gilgit) | B | Biddulph 1881 |
| – | Qala-e-Ust | B | Nogge 1973 |
| – | Tolibai-Tal | B | Nogge 1973 |
| 14. | Paß Chargusch | Bc | Abdusalamow 1973 |
| – | See Sorkul | Bc | Abdusalamow 1972 |
| 15. | Umgebung des Jaschilkul | Bc | Abdusalamow 1973 |
| 16. | Umgebung des Sarezskoje-See | Bc | Abdusalamow 1973 |
| 17. | Umgebung des Kara-Kul | Bc | Abdusalamow 1973 |
| 18. | Paß Tengizbaj (Alaj-Gebirge) | A | Iwanow 1969 |
| – | Paß Daraugkurgan | A | Iwanow 1969 |
| – | Paß Akterek | A | Iwanow 1969 |
| 19. | Oberlauf d. Isfara | A | Iwanow 1969 |
| 20. | Tschatyr-Kul | NJc | Kydyraliew 1959 |
| 21. | Son-Kul-Too (= Sonkjoltau) | NJc | Kydyraliew 1959 |
| 22. | Schlucht d. Flusses Karabalty | J | Kuzjmina 1970 |
| 23. | Fluß Sokuluk | J | Kuznecow 1962 |
| 24. | Issykata | J | Kuznecow 1962 |
| 25. | Transili-Alatau: Bolschoje Almatinskoje-Schlucht | NJ | Kuzjmina 1970 |
| | | NJ | Kowscharj et al. 1978 |
| | | ABJ | Neufeldt et al. 1978 |
| 26. | Ketmenj-Gebirge | J | Korelow 1956; Coll. Zool. Inst. Leningrad |
| 27. | Oberlauf d. Kokshar | NJ | Winokurow 1961 |
| 28. | Sary-Dshaz-Gebirge | J | Januschewitsch et al. 1960 |
| 29. | Terskej-Alatau: | J | Kuzjmina 1970 |
| | Schlucht Kara-Batkak | N | Stepanjan 1960 |
| | Schlucht Sawa-Ter | N | Stepanjan 1960 |
| | Schlucht Tschon-Dshergalan | J | Stepanjan 1960 |
| 30. | Schlucht Kara Tschukur (Zentral-Tienshan) | NJc | Kydyraliew 1959 |
| 31. | Burchan-Schlucht (Panfilow; 21. VIII.) | | Kuzjmina 1970 |
| 32. | Saur-Gebirge: Liu-tau | J | Coll. Zool. Mus. Mosk. Univ. |
| | | Bc | Kuzjmina 1970 |
| 33. | Süd-Altai-Gebirge | J | Kuzjmina 1970 |
| 34. | Paß Buchtarma-Kara-Kaba (Altai) | A | Kuzjmina 1970 |
| 35. | Sewero-Tschujskij-Gebirge: Schlucht Ak-Tru | NJ | Kuznecow 1967 |
| | | J | Coll. Zool. Mus. Mosk. Univ. |
| 36. | Oberlauf d. Tschulyschman | A | Folitarek u. Dementjew 1938 |
| – | Sajlugem-Gebirge, Taschanta | A | Coll. Zool. Inst. Leningrad |
| – | Oberlauf d. Sary-Dshamata | J | Sushkin 1938 |
| – | Süd-Tschujskij-Gebirge | ABJa | Neufeldt unveröffentl. |
| 37. | Oberlauf d. Mungasch-Ak | JNa | Zabelin 1976 |
| 38. | Östl. Teil d. Sajanskij-Gebirges, zw. Kantegirskij-Gebirge u. Oberlauf Malye Ury | B | Berman u. Zabelin 1963 |
| – | Oberlauf d. Ak-Sug | Ba | Berman u. Zabelin 1963 |
| – | Mungasch-Ak | Ba | Berman u. Zabelin 1963 |
| 39. | Oberlauf d. Us (Bugba-See) | Ja | Koshantschikow 1960 |
| 40. | Grenze der Gebirge Ondut-Tajga u. Tumat-Tajga (VIII.) | | Berman u. Zabelin 1963 |
| 41. | Jenissei-Quellen (Ost-Sajan) | A | Sushkin 1938 |
| 42. | Munku-Sardyk | A | Sushkin 1938 |
| 43. | Kap Schartla | NJs | Malyschew 1960 |
| 44. | Umgebung Goremyka | Js | Stegman 1936 |
| 45. | Halbinsel Swjatoj Nos (5. VIII.) | | Turow 1923 |
| 46. | Barguzin-Gebirge (im Schutzgebiet) | Bs | Skrjabin u. Filonow 1962 |
| – | Dawsche (N Sosnowka) | NJ | Tschernikin 1976 |
| 47. | Tologutu (3. u. 5. V.) | | Lönnberg 1909 |
| 48. | S-Hang d. Bogd-uul-Massivs (N Dzuunmod) | AN | Mauersberger 1980 |
| 49. | Sair-chairchan | AJ | Piechocki u. Bolod 1972 |
| 50. | Lamen-gegen | B | Kozlowa 1930 |
| 51. | Changai: | Bc | Kozlowa 1932 |
| | Chuchu-Nor | J | Kozlowa 1932 |
| | Bombotu-Tal | JN | Kozlowa 1932 |
| | Otkhon-tengri | J | Kozlowa 1932 |

| | | |
|---|---|---|
| 52. Mongolischer Altai: Masagtu-Gebirge | N | TARASOW 1962 |
| 53. Umgebung Naryn | As | JANUSCHEWITSCH 1952 |
| 54. Juldus-Gebirge | A | PLESKE 1889 |
| — Jamatu-Gebirge (15. X.) | | PLESKE 1889 |
| 54a. Dsham-bulak (= Dsham) | AJ | SUDILOWSKAJA 1936 |
| 55. Sarikol | N | SHARPE 1891 |
| 56. Kitchik Yailák (14. IX.) | J | HENDERSON u. HUME 1873 |
| 57. Kerian-Gebirge | A | PLESKE 1889 |
| 58. Oberes Karakash-Tal | A | SILLEM 1934 |
| 59. Marsimik La | A | MEINERTZHAGEN 1927 |
| 60. Berge um Lhasa | AB | LUDLOW 1950 |
| 61. Pasum La (23. VIII.) | J | LUDLOW 1944 |
| 62. Lager 124 | AB | SCHÄFER 1938 |
| 63. Fluß Massu-che | Ac | PLESKE 1892 |

| | | |
|---|---|---|
| 64. Kimar | Bs | STRESEMANN et al. 1937 |
| 65. Kloster Gumbum | A | BEREZOWSKI u. BIANCHI 1891 |
| 66. Dshachar-Gebirge (S Guidui) | As | PLESKE 1889 |
| 67. Totuchsura-Paß | AJ | BANGS u. PETERS 1928 |
| 68. Seshu | A | SCHÄFER 1938 |
| 69. Amnen-kor | A | BIANCHI 1907 |
| 70. Lager 114 | AB | SCHÄFER 1938 |
| 71. Lager 4 u. 5 | AB | SCHÄFER 1938 |
| 72. Lusha La | A | LUDLOW 1944 |
| 73. Dza La (10. VIII.) | A | fide VAURIE 1972 |
| 74. W Dochen | A | MACLAREN 1948 |
| 75. Lachen | Aa | BLANFORD 1872 |
| — Lachung | Aa | BLANFORD 1872 |
| — Cholamsu-See | Aa | BLANFORD 1872 |
| 76. Lobuche | AJ | DIESSELHORST 1968 |
| — Gorak Shep | AJ | DIESSELHORST 1968 |
| — Chhukhung | AJ | DIESSELHORST 1968 |

# LITERATUR


ABDUSALAMOW 1973 — Fauna Tadsh. SSR 19/2. Pticy. 280—285.
ALI 1946 — J. Bombay Nat. Hist. Soc. 46, 298.
BANGS u. PETERS 1928 — Bull. Mus. Comp. Zool. Harvard 68/7, 350.
BANJKOWSKIJ 1912 — Mess. Orn. 3/4, 325.
BAZIEW u. TSCHUNICHIN 1963 — Ornitologija 6, 235—237.
BEREZOWSKI u. BIANCHI 1891 — Aves Exped. Potanini Gan-su. St.-Petersburg. 92.
BERMAN u. ZABELIN 1963 — Ornitologija 6, 158—159.
BIANCHI 1907 — Aves exped. Kozlowi Mongol., Tibet orient. St.-Petersb. 70—71.
BIANCHI 1916 — Ann. Mus. Zool. Petrograd 20, 46.
BIDDULPH 1881 — Stray Feathers 9, 329.
BLACKWELDER 1907 — Carnegie Inst. Washington. Publ. 54, Res. China 1/2, 497.
BLANFORD 1872 — J. Asiat. Soc. Bengal 41/2, 51.
BÖHME 1926 — Izw. Gorsk. ped. inst. 3, 250—257.
BÖHME 1958 — Utsch. Zap. Sew.-Osetinsk. ped. inst. 23/1, 171—172.
BÖHME 1959 — Ornitologija 2, 208.
BORODICHIN 1968 — Pticy Alma-Aty. Alma-Ata. 66.
CHENG 1976 — Distrib. List Chin. Birds. Peking. 559.
DAL 1954 — Shiw. mir Armjan. SSR. Erewan. 1, 274—275.
DIESSELHORST 1968 — Khumbu Himal. Innsbr.-München. 303—306.
DROZDOW u. ZLOTIN 1962 — Ornitologija 5, 206—207.
FOLITAREK u. DEMENTJEW 1938 — Trudy Altajsk. zapow. 1, 42.
GAMBAROW 1954 — Trudy Inst. Zool. Azerb. SSR 17, 99.
GUSEW 1960 — Ornitologija 3, 232.
HARTERT 1910 — Vögel paläarkt. Fauna. Berlin. 1, 726—727.
HARTERT u. STEINBACHER 1935 — Vögel paläarkt. Fauna. Berlin. Erg.-Bd. 323.
HENDERSON u. HUME 1873 — Lahore to Yarkand. London. 210—211.
IWANOW 1969 — Pticy Pamiro-Alaja. Leningrad. 269—271.
IZMAJLOW 1967 — Pticy Witimsk. nagorja. Ulan-Ude. 150.
IZMAJLOW u. BOROWICKAJA 1973 — Pticy jug.-zap. Zabajkalja. Wladimir. 156.
JANUSCHEWITSCH 1952 — Fauna pozwon. Tuwinsk. obl. Nowosibirsk. 57.
JANUSCHEWITSCH et al. 1960 — Pticy Kirgizii. Frunze. 2, 233—236.
KLEINSCHMIDT 1923 — Abh. Ber. Mus. Tierk. Völkerk. Dresden 16/2, 42.
KORELOW 1948 — Izw. Akad. nauk Kazach. SSR 63, ser. Zool., 8, 111.
KORELOW 1956 — Trudy Inst. Zool. Akad. nauk Kazach. SSR 6,143.
KOSHANTSCHIKOW 1960 — Trudy Probl., temat. sow. Zool. inst. Akad. nauk 9, 64—65.
KOWSCHARJ 1966 — Trudy zapow. Aksu-Dshabagly 3, 307—308.
KOWSCHARJ et al. 1978 — Trudy Inst. zool. Akad. nauk Kazach. SSR 38, 117.
KOZLOWA 1930 — Pticy Zabajkalja, Sew. Mongolii i centr. Gobi. Leningrad. 265.
KOZLOWA 1932 — Trudy Mongol. Kom. Akad. nauk SSSR 3, 81.
KOZLOWA 1952 — Trudy Zool. inst. Akad. nauk SSSR 9, 1007—1009.
KUZJMINA 1970 — Pticy Kazachstana. Alma-Ata. 3, 591—595.
KUZNECOW 1962 — Ornitologija 5, 236.
KUZNECOW 1967 — Ornitologija 8, 266.
KYDYRALIEW 1959 — Ornitologija 2, 209—213.
LÖNNBERG 1909 — Ark. Zool. Stockholm 5/9, 22.
LORENZ 1887 — Beitrag Kenntn. Orn. Fauna Nordseite Kaukasus. Moskau. 22—23.
LUDLOW 1928 — J. Bombay Nat. Hist. Soc. 33, 79.
LUDLOW 1944 — Ibis 86, 184.
LUDLOW 1950 — Ibis 92, 38.
LUDLOW u. KINNEAR 1933 — Ibis (13) 3, 458.
MACLAREN 1948 — Ibis 90, 202.
MALYSCHEW 1960 — Trudy Wost.-Sib. Fil. Sib. Otd. Akad. nauk SSSR 23, 66.
MAUERSBERGER 1980 — Mitt. Zool. Mus. Berlin. Suppl., Bd. 56, Ann. Orn. 4, 140.
MEINERTZHAGEN 1927 — Ibis (12) 3, 586—587.
MOLAMUSOW 1967 — Pticy Centr. tschasti Sew. Kawkaza. Naltschik. 89.
NEUFELDT et al. 1978 — Trudy Zool. inst. Akad. nauk SSSR 68, 243.
NIETHAMMER 1973 — Bonn. Zool. Beitr. 24, 280.
NOGGE 1973 — Bonn. Zool. Beitr. 24, 263.

OSMASTON 1925 Ibis (12) 1, 682–683.
PALUDAN 1959 Vidensk. Medd. Dansk. nat. hist. Foren. 122, 191–192.
PETERS 1964 Check-List Birds World. Cambridge/Mass. 10, 79–80.
PIECHOCKI u. BOLOD 1972 Mitt. Zool. Mus. Berlin 48, 121, 124–125.
PLESKE 1889 Wiss. Res. Przewalski Central-Asien. St.-Petersb. 2, 58–60.
PLESKE 1892 Mélang. biol. 13/2, 290.
PORTENKO 1954 Pticy SSSR. Moskwa-Leningrad. 3, 187–188.
POTAPOW 1966 Trudy Zool. inst. Akad. nauk SSSR 39, 67–70.
REEB 1977 Alauda 45, 320.
ROSSIKOW 1894 Izw. Russ. geogr. ob. 29, 19.
SATUNIN 1907 Mat. pozn. ptic. Kawkaz. kraja. Tiflis. 59.
SCHÄFER 1938 J. Orn. 86 (SH.), 225–227.
SCHESTOPEROW 1929 Bjull. Mosk. ob. isp. prir., Otd. biol. 38/1–2, 196.
SCHÖNWETTER u. MEISE 1971 Handbuch Oologie. Berlin. 19, 382.
SCHÖNWETTER u. MEISE 1972 Handbuch Oologie. Berlin. 20, 400.
SCHULPIN 1965 Trudy Zapow. Aksu-Dshabagly 2, 182.
SEREBROWSKIJ 1925 Now. mem. Mosk. ob. isp. prir. 18/2, 46.
SHARPE 1891 Sec. Yarkand Mission. Aves. London. 88–89.
SHORDANIJA 1962 Ornitofauna Mal. Kawkaza. Tbilisi. 265.
SILLEM 1934 Org. Cl. Nederl. Vogelk. 7, 33.
SKRJABIN u. FILONOW 1962 Trudy Barguzin. zapow. 4, 184–185.
STEGMANN 1936 J. Orn. 84, 133–134.
STEPANJAN 1960 Trudy Probl., temat. sowestsch. Zool. inst. Akad. nauk SSSR 9, 276–277.
STEPANJAN 1978 Sostaw i raspred. ptic fauny SSSR. Passeriformes. Moskwa. 201, 202.
STRESEMANN et al. 1937 J. Orn. 85, 557.
SUDILOWSKAJA 1936 Pticy Kaschgarii. Moskwa-Leningrad. 57.
SUSHKIN 1938 Birds Soviet Altai. Moscow-Leningrad. 209–210.
TARASOW 1960 Biol. sborn. Wost.-sib. Geogr. ob. SSSR. Irkutsk. 177.
TKATSCHENKO 1966 Trudy Teberdinsk. zapow. 6, 203.
TSCHERNIKIN 1976 Bjull. Moskow ob. ispyt. prir. 81, Otd. biol. 6, 135–136.
TUROW 1923 Mat. po faune ptic Barguzin. kraja. Irkutsk. 29.
VAURIE 1955 Amer. Mus. Novit. 1731, 18.
VAURIE 1959 Birds palearct. Fauna. Passeriformes. London. 369–370.
VAURIE 1972 Tibet and its Birds. London. 288.
WHISTLER 1925 Ibis (12) 1, 173–174.
WINOKUROW 1961 Trudy inst. zool. Akad. nauk Kazach. SSR 15, 43–44.
ZABELIN 1976 Ornitologija 12, 74–75.
ZARUDNYJ 1896 Mat. Fauna Flora Ross. 2, 72.
ZARUDNYJ (= SARUDNY) 1911 J. Orn. 59, 185–290.
ZARUDNYJ u. KOREJEW 1906 Mat. Fauna Flora Ross. 7, 245.
ZLOTIN 1968 Ornitologija 9, 161.

# *Phoenicurus erythrogaster* (Güldenstädt)

Bergrotschwanz

## Verwandtschaft und Gliederung

KOZLOWA (1952) und PORTENKO (1954), ebenso wie HARTERT (1910), ordnen *erythrogaster* nahe bei *Ph. ochruros* ein, während VAURIE (1959) und PETERS (1964) ihn ans Ende des Systems von *Phoenicurus* stellen. Zwei Unterarten, die sich gut in der Gefiederfärbung unterscheiden: *Ph. erythrogaster erythrogaster* (Güldenstädt), dunkel mit kastanienrotem Bauch, im Kaukasus, und *Ph. e. grandis* (Gould), größer und heller, mit rötlicher Unterseite, im übrigen Teil des Areals. Nach VAURIE (1955) gibt es keine Veranlassung, die in Tibet und Gansu lebenden Vögel als eigene Form *maximus* Kleinschmidt zu behandeln.

## Zur Verbreitung

Da *Ph. erythrogaster* streng an spezielle Landschaftsformen der alpinen Bergzone gebunden ist, bildet sich kein geschlossenes Areal heraus. Nach KOZLOWAS (1952) Meinung ist *erythrogaster*, wie auch die Mehrheit der Rotschwänze, aus den Gebirgssystemen Zentral-Asiens und des Himalaya hervorgegangen, in denen auch heute noch der größte Teil der Brutgebiete liegt.

Trotz der inselartigen Verbreitung haben wir Grenzandeutungen vorgenommen, um einen besseren Überblick zu bieten.

Über Vorkommen auf chinesischem (tibetischem) Territorium sind wir, wie des öfteren, spärlich unterrichtet. Der Nan-Schan wird von *erythrogaster* im Nordwesten und Südosten besiedelt; von dort geht er östlich des Kuku-Nor zum Dshupar-Gebirge und erreicht die Gebirgsregion am Oberlauf von Jalung, Jangtse-kiang und Hoang-ho, und bildet im Süden, in der Himalaya-Region Nepals, ein weiteres Zentrum heraus. Eine wesentlich geschlossenere Verbreitung ist in Kaschmir, im Karakorum-Gebirge und östlichen Hindukusch zu verzeichnen. Er brütet im Pamir, außer in den wasserlosen zentralen Gebirgsteilen (POTAPOW 1966), im östlichen Teil des Alai- und Turkestan-Gebirges (westlich bis zur oberen Isfara) und im schew 1960, Stepanjan 1960, Winokurow 1961, Skrjabin u. Filonow 1962, Baziew u. Tschunichin 1963, Potapow 1966, Tkatschenko 1966).

Ein Vollgelege besteht aus 3—5, öfter aus 4 Eiern (Osmaston 1925, Potapow l. c., Kydyraliew 1959, Stepanjan 1960, Tarasow 1960, Baziew u. Tschunichin l. c., Molamusow 1967, Kuzjmina 1970, Zabelin 1976). Die Eifarbe ist weiß mit schwachem rosa Ton auf frischen Eiern, in Sammlungen mitunter bläulich, wie auf Tafel 5 bei Schönwetter u. Meise 1972, aber nicht hellblau, wie die Autoren (1971) mitteilten. Die Eiablage beginnt im allgemeinen nicht vor Mitte Mai, die spätesten Vollgelege kann man bis Ende Juli finden.

Angaben über die Brutzeiten in den einzelnen Gebirgssystemen für den Kaukasus bei Baziew u. Tschunichin (1963), Molamusow (1967), für den Himalaya und Tibet bei Osmaston (1925), Schäfer (1938), Diesselhorst (1968), für den Pamir bei Potapow (1966), für den Tien-Schan bei Kydyraliew (1959), Stepanjan (1960), Winokurow (1961), Kuzjmina (1970), Kowscharj et al. (1978), Neufeldt et al. (1978), für das Altai-, Sajan- und Barguzin-Gebirge bei Sushkin (1938), Tarasow (1960), Skrjabin u. Filonow (1962), Kuznecow (1967), Tschernikin (1976) und Zabelin (1976).

Die sich über diesen großen Zeitraum erstreckende Fortpflanzungsperiode ist hauptsächlich von den jeweils bewohnten Höhenlagen abhängig; Paare aus niedrigeren Lagen der alpinen Zone können mit ihren Bruten in höhere Regionen aufsteigen, in denen andere Paare eben erst mit der Brut begonnen haben (Sushkin 1938, Baziew u. Tschunichin 1963). Kuzjmina (1970) vermutet zwei Vermehrungszyklen in extremen Hochgebirgsklimaten, was aber nicht bewiesen ist.

Im Frühling und Sommer ernähren sich die Rotschwänze ausschließlich von Insekten, seltener von Spinnen (Baziew u. Tschunichin 1963, Potapow 1966, Zlotin 1968) und Ameisen (Meinertzhagen 1927). Mit einsetzendem Schneefall steigen die Vögel entweder in die Täler der Gebirgsflüsse hinab oder ziehen bis in die Vorgebirge zur Suche nach Nahrung, die nun rein pflanzlich ist und hauptsächlich aus Sanddorn (*Hippophaë rhamnoides*)-Beeren (Ludlow 1928, Korelow 1956, Böhme 1958 u. 1959, Drozdow u. Zlotin 1962, Baziew u. Tschunichin 1963, Kowscharj 1966, Molamusow 1967, Zlotin 1968, Stepanjan 1960, Abdusalamow 1973), oder wie in den Südtetungschen Bergen, auch aus *Berberis*- und *Juniperus*-Beeren (Stresemann et al. 1937) und aus Samen trockener Kräuter (Blackwelder 1907) besteht. Ränder offener Quellen und Ufer fließender Gewässer werden auch im Winter nach Insekten abgesucht, z. B. im Gizeldon-Tal (Nord-Ossetien) hauptsächlich Petauristidae zur Zeit des Massenschlüpfens (Drozdow u. Zlotin 1962).

### Wanderungen

*Phoenicurus erythrogaster* unternimmt mit wenigen Ausnahmen (s. u.) keine weiten Wanderungen bis zu den Vorgebirgen (500—900 m), sondern saisonbedingte Vertikalstreifereien. Zeitpunkt und Dauer dieser Wanderungen sind stark von der Lage der Brutorte, von Witterungseinflüssen und vom Nahrungsangebot, hauptsächlich von Sanddornbeeren, abhängig und können teils über die Grenzen des Brutgebietes reichen. In der kalten Jahreszeit findet man die sehr widerstandsfähigen Vögel meistens unweit ihrer Brutplätze, wo sie noch bei —23 °C im Schnee beobachtet wurden (Pleske 1889), somit in den unterschiedlichsten Höhenlagen der Gebirge: 5340 m am Chang-la-Paß (Henderson u. Hume 1873), 3300—4000 m in Tibet (Kleinschmidt 1923), von 4470—2100 m in Shan-si (Blackwelder 1907), in felsigen Wannentälern Tibets über 4000 m (Schäfer 1938). Nach Schäfers Beobachtung waren dort die weiblichen Tiere ausschließlich Zugvögel, während die Männchen nur geringe Horizontalverschiebungen ausführten.

Aus dem Gebiet nordöstlich des Baikals beginnen die Vögel im Herbst, offenbar aber nicht sehr weit, allmählich nach Süden zu streifen, da im Frühjahr die ersten zwischen dem 19. und 29. März zurückkehrten (Gusew 1960, Skrjabin u. Filonow 1962). Angaben über Irrgäste vom Witim-Plateau und aus Südwest-Transbaikalien sind unrichtig (Izmajlow 1967, Izmajlow u. Borowickaja 1973). Exemplare vom November und 23. Dezember, am Onon erlegt (Coll. Zool. Inst. Leningrad), stammen aus dem Winterquartier. Frühjahrs- und Herbstfunde (März, September, Oktober) sind aus dem Changai (Kozlowa 1930), Gobi-Altai und vom Nan-Shan (Bianchi 1907) sowie vom Eczin-gol vom 20. März (Bianchi 1916) bekannt. In die südlichen Vorberge des West-Sajan kommen die Vögel Ende August, und im Oktober wandern sie nach Tuwa in das Chemtschik-Tal samt seiner Nebenflüsse, wo sie bis November-Dezember beobachtet wurden (Zabelin 1976). Aus dem Tien-Schan liegen Angaben von Vertikalstreifereien zur Nahrungssuche bei unter 1700 m, oft nicht höher als 1200 m vor. — In Kasachstan halten sie sich im Winter u. a. in Alma-Ata und Umgebung, in den Uferwäldern des Transili-Alatau und im Ketmenj-Gebirge (Zarudnyi u. Koreew 1906, Schestoperow 1929, Korelow 1948, 1956, Borodichin 1968, Kuzjmina 1970) auf. In Kirgisien gilt der Issyk-Kul als Hauptsammelstelle, ebenso die Gegend um Prshewalsk, der Atbaschi-, Naryn- und Koktscharskij-Talkessel.

An der Peripherie ihres Verbreitungsgebietes, in den Vorbergen des Talasskij-Alatau, im Karatau, in den Tälern von Ugam und Pskem (Schulpin 1965, Kowscharj 1966, Kuzjmina 1970) wurden die Rotschwänze überwinternd festgestellt. Von ungefähr Ende Februar bis Anfang März verlassen sie im sowjetischen Tienschan ihre Überwinterungsorte, zeigen sich aber in den Hochgebirgen im letzten April-Drittel vor allem im Fichtenwald und subalpinen Gürtel (Kydyraliew 1959, Kuzjmina 1970). Von den Hängen des Tien-Schan, Pamir und Kun-Lun steigen sie im Winter herab in die mit Gebüsch bestandenen Flußufer Kaschgariens. Bis Ende März halten sie sich gewöhnlich am Aksu und Tauschkandarja (Sudilowskaja 1936) auf, im Januar und Februar in der Oase Kaschgar (Ludlow u. Kinnear 1933), im März bei Yarkand und Pasrabat (Sharpe 1891). Im Pamir-Alaj liegen die Winterquartiere nicht höher als 2200 m sowohl an der Peripherie (westlich bis Samarkand) als auch innerhalb des Brutgebietes (Iwanow 1969, Abdusalamow 1973).

Neben den üblichen Streifereien dehnen auch die Kaukasus-Vögel ihre Flüge über die Grenzen ihrer Verbreitung aus, so daß Funde aus den nördlichen Vorbergen des Großen Kaukasus, bei Kislowodsk (LORENZ 1887), den Südhängen des Kleinen Kaukasus (Umgebung Tbilisi; SHORDANIJA 1962), Kura-Ufer (SATUNIN 1907) und aus Armenien (Pambakskij-Gebirge; DAL 1954) bekannt sind.

Einzelheiten über Wanderungen innerhalb des Kaukasus s. bei BÖHME (1958, 1959), DROZDOW u. ZLOTIN (1962), BASIEW u. TSCHUNICHIN 1963). Einzelne Exemplare wurden erstmals von PALUDAN (1959) in der Umgebung von Bamian (Afghanistan) am 14. und 15. Oktober nachgewiesen; weitere, außerhalb der Brutzeit liegende Beobachtungen (Winter 1973/74) stammen aus der Gegend südlich von Salang, Douchy, Kunduz, Kabul, Sairobi, Samangan, Mazar-i-Cherif (REEB 1977); vom Hindukusch als Durchzügler festgestellt von NIETHAMMER (1973).

XII

1984

# *Anser brachyrhynchus* Baillon

bearbeitet von

K. WUNDERLICH

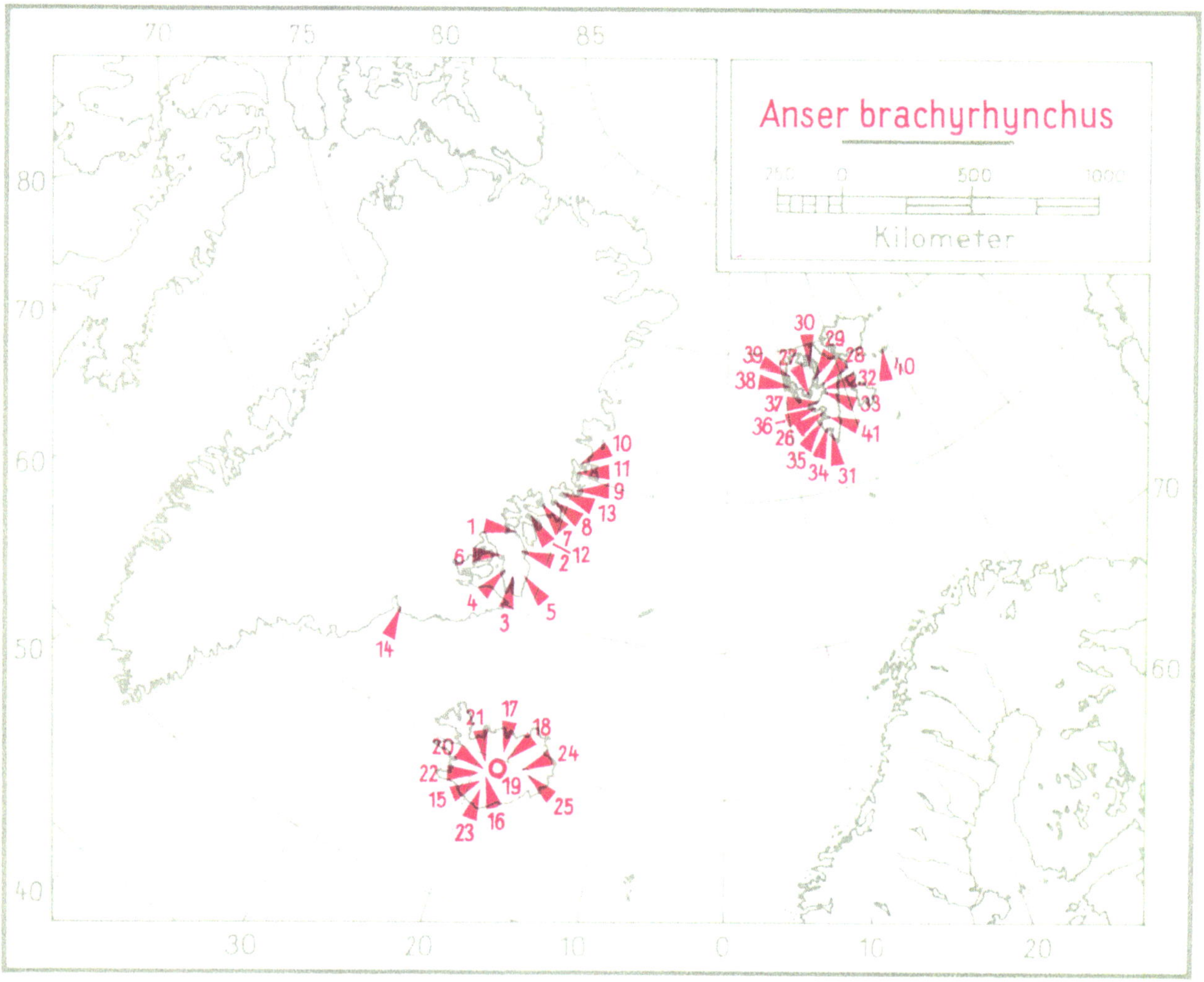


# FUNDORTLISTE

| | | | |
|---|---|---|---|
| 1. | an Peters Bugt (Hochstetters Forland) | B | PEDERSEN 1934 |
| – | S-Teil von Hochstetters Forland | B | CHRISTENSEN 1967 |
| 2. | Kuhn-Insel | B | LØPPENTHIN 1932 |
| 3. | Wollaston Forland | B | PEDERSEN 1934 |
| – | auf Albrechtslette | Bs | CHRISTENSEN 1967 |
| – | bei Zackenberg | AJ | CHRISTENSEN 1967 |
| 4. | Dødemandsbugt (Clavering-Insel) | BNJ | PEDERSEN 1934 |
| 5. | E-Küste des Loch Fyne | B | PEDERSEN 1934 |
| 6. | Muskox Fjord | AJ | BAY 1894, LØPPENTHIN 1932, SCHAANNING 1933 |
| – | Parallel-Tal (S-Küste Muskox Fjord) | N | KOLTHOFF 1903 |
| 7. | Ymer-Insel | B | LØPPENTHIN 1932 |
| 8. | Mestersvig region | Bc | FERNS u. GREEN 1975 |
| – | Labben-Halbinsel | BAJ | HALL 1963 |
| – | Holms Bugt | AJ | HALL 1963 |
| – | Antarctic Havn | ANJ | MARRIS u. OGILVIE 1962 |
| – | oberhalb Kolledal | N | MARRIS u. WEBBE 1969 |
| 9. | Orsteds Dal | AJ | FERNS u. GREEN 1975 |
| – | „Pinkfoot Pond“ | BJ | HALL u. WADDINGHAM 1966 |
| – | mittleres Enhjørningens Dal | N | MARRIS u. WEBBE 1969 |
| – | unteres Pingelsdal | N | MARRIS u. WEBBE 1969 |
| – | Lamprenens Dal | AJ | MARRIS u. WEBBE 1969 |
| – | zwischen Solfaldsdal u. Kap Seaforth | J | MARRIS u. WEBBE 1969 |
| – | unteres Solfaldsdal | N | MARRIS u. WEBBE 1969 |
| 10. | E-Seite d. oberen Schuchert Flod | AJ | MARRIS u. WEBBE 1969 |
| 11. | unterer Fegins Elv | N | MARRIS u. WEBBE 1969 |
| – | 2 km landeinwärts | N | MARRIS u. WEBBE 1969 |
| 12. | Hurry Inlet | N | KORTE 1974 fide FERNS u. GREEN 1975 |
| – | bei Constable Point | BNc | PEDERSEN fide BERTRAM, LACK u. ROBERTS 1934, SCOTT, FISHER u. GUDMUNDSSON 1951–1952 |
| 13. | Skansen (Carlsberg Fjord) | N | MARRIS u. WEBBE 1969 |
| 14. | bei Kangerdlugssuak | B | CHRISTENSEN 1967 |
| 15. | Tungnaá u. Kaldakvisl | BN | PHILIPPONA u. SMITH 1978 |
| 16. | Pjórsá-Mittel- u. Oberlauf | B | TIMMERMANN 1933, KERBES, OGILVIE u. BOYD 1971 |

bemerkt worden. Die maximale Ziffer von 1000 BP würde gut mit rund 5500 registrierten Ankömmlingen im Frühjahr korrespondieren (vgl. CHRISTENSEN 1967). Das Vorkommen reicht vom physisch nach N isolierten Brutplatz E Kangerdlugssuak im Süden nordwärts bis in die nördlichen Teile von Hochstetters Forland. Brüten noch höher (Dove-Bucht) wird vermutet, allerdings steht eindeutiger Nachweis aus; PEDERSEN (1934) und SALOMONSEN (1950—1951) verneinten es strikt. Zur Diskontinuität der Ansiedlung vgl. bei SALOMONSEN (1950—1951), auch die generalisierende Karte in SCOTT und FISHER (1953), p. 25.

Die „klassischen" Brutplätze der Island-Population (vgl. SCOTT, FISHER u. GUDMUNDSSON 1951—1952) sind das Skjálfandafljót-System, die Jökulsá á Fjöllum, Jökulsá á Brú und Pjórsá samt Nebenflüssen. Überragende Bedeutung kommt gegenwärtig der annähernd 81,6 km² großen Oase Pjórsárver vor dem Ostrand des Hofskjökull-Gletschers zu (Spezialkarte p. 6 in KERBES, OGILVIE u. BOYD 1971). Dort wurden im Juni 1970 etwa 10700 Nester bei einer Standortdichte zwischen 36 und 544 je km² ermittelt. Die totale Brutpopulation Islands umfaßte 1970 ungefähr 12700 Paare; demzufolge konzentrierten sich um 75 % seiner brütenden Kurzschnabelgänse an jener Stelle — eine mittlere Nestdichte pro km² von über 130 — nirgendwo anders erreicht. Die nächstgrößte bekannte Brutkonzentration ist zwischen Lodnaver und Kjalkaver. Im Juni 1979 wurden dort 717 Nester gezählt, 820 geschätzt, 425 Nichtbrüter, über 2000 Adulti vermerkt. Beobachtungen unerwartet großer Abundanz brütender *A. brachyrhynchus* in Hnifárver, desgl. westlich des Hofsjökull 1979 (VAN DIJK u. KOOYMAN fide LOK u. VINK 1979) stützen die Annahme, daß eine gewisse Umverteilung der Bruträume im Gange ist. Insofern scheint eine Revision aller dafür geeigneten zentralisländischen Lokalitäten geraten. „Besonders jetzt, da einige Abschnitte des Thjórsá-Gebiets als Teil eines Wasserkraftsystems von Überflutungen bedroht sind, ist detailliertere Kenntnis über die Bedeutung unterschiedlicher Plätze für die Kurzschnabelgans auf Island vonnöten" (LOK u. VINK 1979, siehe bereits BOYD u. OGILVIE 1969).

Der isländische Bestand ist, Zählserien in den schottischen und englischen Winterquartieren zufolge (vgl. „Wanderungen"), zwischen Anfang der 50er Jahre und 1974 sehr merklich größer geworden (mehr als 30 %). CHRISTENSEN (1967) kalkuliert für Island „mindestens" 30000 frühjährliche Ankömmlinge, GARDARSSON (1967) für Island und Grönland 30000 bis 45000. Die seit 1960 traditionellen November-Zählungen in Großbritannien ergaben weiteres „sanftes" Ansteigen der Anwesenheitsziffern von 1969—1975. Im November 1974 wurden 89100 Kurzschnabelgänse protokolliert. Nach der bisher bekannt ärmsten Saison in Grönland und auf Island 1975 erschienen „nur" 73200 (OGILVIE u. BOYD 1976). Für November 1980 gab OGILVIE (1982) rd. 95000 an.

Auf Spitzbergen beschränken sich die Ansiedlungen im wesentlichen auf die Hauptinsel Westspitzbergen und den Südwesten der Edge-Insel (vgl. u. a. Karte p. 23 in SCOTT u. FISHER 1953). Zählungen von 1963—1977 auf den Rast- und Überwinterungsplätzen im südlichen Nordseebereich ergaben einen Herbst- und Spätwinterbestand zwischen 12000 und 18800 Ex. (vgl. FOG 1977, OGILVIE 1978, HUMMEL 1980). MADSEN (1982) bezifferte ihn für den Anfang der 80er Jahre auf nahezu 30000 (Winter 1980—81 26600 in Dänemark — vgl. OGILVIE 1982, Tab. XV/2, p. 130). Die Zahl der alljährlich brütenden wird mit 10000—15000 angegeben (EKKER 1981).

Die Weltpopulation dürfte gegenwärtig 120000 Köpfe nicht wesentlich übersteigen.

Die Art scheint vorerst noch wenig bedroht; wenn auch wettermäßig ungünstige Saisons die Reproduktionsrate, besonders der hocharktischen Brüter, zuweilen kräftig erniedrigen. NORDERHAUGS Befürchtungen über die anthropogene Beeinträchtigung der Spitzbergen-Gänse an ihren Brutplätzen (siehe auch TIMMERMANN 1976) sind offensichtlich weniger gerechtfertigt; FOG (1977) schließt aus den jahrelang größer werdenden Anwesenheitszahlen auf den dänischen Rastplätzen, daß es dem Bestand gut geht.

Für die Island-Population folgern BULSTRODE und HARDY (1970), daß die zu beobachtende Abkühlung, das allgemeine Rauherwerden der isländischen Sommer unzweifelhaft den Bruterfolg reduzieren, ein Zustand, der sich noch verstärken kann. BOYD und OGILVIE (1969) setzen den Beginn dieser Entwicklung mit 1960 an und argwöhnen, daß die Insel allmählich in die klimatischen Konditionen der letzten kalten Welle zurückfalle, die sich etwa 1918 verlief (länger anhaltende Schneebedeckung usw.). Das unlängst vorgeschlagene „hydro-electric scheme" (Projektkarte in FLECHTNER et al. 1982, p. 50) gefährdet allerdings längerfristig die Art in erheblichem Maße, da die zweite Ausbauphase ihre größte bekannte Brutkolonie (siehe oben) weitgehend versenken würde. „Falls der Pjórsárver geflutet wird, gingen 75 % der 1970er Neststandorte verloren, und die dann zur Verfügung stehenden von Vegetation bedeckten Gründe könnten nur noch einen kleinen Teil der heute alljährlich auf der Oase produzierten Gössel ausreichend ernähren" (KERBES, OGILVIE u. BOYD 1971, vgl. auch ausführlich bei FLECHTNER et al. 1982).

Spezialkarten der Verbreitung bei TIMMERMANN 1933 (Island), KERBES, OGILVIE u. BOYD 1971 (Island), PHILIPPONA u. SMITH 1978 (Island), LOK u. VINK 1979 (Island).

### Oekologie

Die Habitatpräferenz erweist sich trotz ausgeprägter Diskontinuität der Brutansiedlungen als im ganzen ähnlich, wenn auch variabel. In Grönland fanden sich Brutplätze oft an den Mündungen größerer Gletscherbäche, einzelne Nester auch inmitten von Wiesenflächen wenig über Hauptbächen kleinerer Täler gelegen. Auf der Gauss-Halbinsel (Parallel-Tal) wurde eine kleine Kolonie angetroffen, deren 11 Nester dicht am Rande eines Steilhanges, den der Fluß tief eingeschnitten hatte, oder höchstens wenige Meter abseits zwischen Kriechweiden und Zwergbirken plaziert worden waren. Der ganze

# LITERATUR


Alendal, Erikstad u. Kålås 1982 — Fauna 35, 106, 109–111.
Bauer u. Glutz von Blotzheim 1968 — Handb. Vögel Mitteleuropas. 2(1). Frankf. a. M., 95–116.
Bertram, Lack u. Roberts 1934 — Ibis 13 (4), 819.
Bianchi 1902 — Ann. Mus. Zool. Acad. Sci. St. Pétersbourg 7, 323–325.
Boyd u. Ogilvie 1969 — Wildfowl 20, 33–46.
Bulstrode u. Hardy 1970 — Wildfowl 21, 18–21.
Christensen 1967 — Dansk Orn. Foren. Tidsskr. 61, 56–64.
Congreve u. Freme 1930 — Ibis 12 (6), 204–218.
Dalgety, McNeile u. Ingram 1931 — Ibis 13 (1), 246.
Ekker 1981 — Vår Fuglefauna 4, 104–108.
Ferns u. Green 1975 — Wildfowl 26, 131–138.
Flechtner, Gardarsson, Gislason u. Halbach 1982 — Natur u. Museum 112, 50–52, 57–61.
Fog 1977 — Vogelwelt 98, 131–133.
Gardarsson 1967 — Proc. Sec. Europ. Meet. Wildfowl Conserv. 1966. 78.
Goodhart, Webbe u. Wright 1965 — Wildfowl 7, 170–176.
Hakala 1972 — Sterna 11, 47.
Hall 1963 — Wildfowl 14, 94–97.
Hall u. Waddingham 1963 — Dansk Orn. Foren. Tidsskr. 60, 189, 191.
Hardy 1967 — Wildfowl 18, 134–141.
Holgersen 1960 — Proc. XII. Int. Orn. Congr. Helsinki 1958. 1, 310–316.
Hummel 1980 — Vogelwelt 101, 121–131.
Johansen 1956 — Acta Arctica 8, 51–52.
Johnsen 1933 — Bergens Mus. Årbok 3, 19–21.
Jung 1939 — Ber. Naturforsch. Ges. Freiburg i. Br. 36, 123.
Kerbes, Ogilvie u. Boyd 1971 — Wildfowl 22, 5–17.
Koenig 1911 — Avifauna Spitzbergensis. Bonn. 208–214.
Kolthoff 1903 — Köngl. Svensk. Vetensk.-Akad. Handlingar 36.
Korte 1974 — Wildfowl 26, 131–138.
Kristofferson 1926 — Bergens Mus. Årbok 3, 19–21.
Kuyken 1969 — Wildfowl 20, 48.
Lok u. Vink 1979 — Gerfaut 69, 447–459.
Løppenthin 1932 — Medd. om Grønland 91, 33–38.
Løvenskiold 1954 — Norsk Polarinst. Skr. 103. Oslo.
Løvenskiold 1964 — Norsk Polarinst. Skr. 129. Oslo.
Madsen 1982 — Aquila 89, 133–140.
Marris u. Ogilvie 1962 — Wildfowl 13, 53–62.
Marris u. Webbe 1969 — Dansk Orn. Foren. Tidsskr. 63, 164–166.
Norderhaug 1970 — Norsk Polarinst. Årbok 1969, 55–69.
Norderhaug, Ogilvie u. Taylor 1965 — Wildfowl 16, 109.
Ogilvie 1978 — Wildgeese. Berkhamsted.
Ogilvie 1982 — Aquila 89, 127–131.
Ogilvie u. Boyd 1976 — Wildfowl 27, 63–75.
Ogilvie u. Taylor 1967 — Ibis 109, 303–304.
Pedersen 1934 — Medd. om Grønland 100, 14–15.
Philippona u. Smith 1978 — Gerfaut 68, 195–202.
Philippona u. van der Meulen 1969 — Limosa 42, 142, 154.
Rikardsen 1982 — Vår Fuglefauna 5, 163–168.
Römer u. Schaudinn 1900 — Orn. Mber. 8, 155–156.
Salomonsen 1950–1951 — Birds Greenland. København. 49–56.
Salomonsen 1967 — Fuglene på Grønland. Copenhagen. 49–54.
Salomonsen 1971 — Medd. om Grønland 191, 7.
Schaanning 1933 — Results Norweg. sci. exped. to East-Greenland I. Oslo. 7.
Scott 1956 — Brit. Birds 49, 172–173. Pl. 9–16.
Scott, Boyd u. Sladen 1955 — Wildfowl 7, 63–90.
Scott u. Fisher 1953 — A Thousand Geese. London.
Scott, Fisher u. Gudmundsson 1951–1952 — Wildfowl 5, 79–101.
Timmermann 1933 — J. Orn. 81, 322–330.
Timmermann 1976 — Vogelwelt 97, 85–86.
Trevor-Battye 1897 — Ibis 7 (3), 580–582.
van Oordt 1921 — Ardea 10, 139–140.
Webbe 1958 — Sterna 3, 41–52.
Williamson 1968 — Scot. Birds 5, 71–89.


## *Anser brachyrhynchus* Baillon

Kurzschnabelgans

### Verbreitung

Selbständige Art, die der Tundragruppe von *A. fabalis* entstammt, von der sie sich als Population abgespalten hat. Unter zoogeographischem Blickwinkel zwischen nieder- und hocharktischer Spezies intermediär; brütet sowohl in höhergelegenen Teilen der Subarktis (Mikisfjord, isländisches Zentralplateau — in 400—500 m Höhe) als auch in milderen Partien der hocharktischen Region (NE-Grönland S Bessel-Fjord, Westspitzbergen), vgl. dazu Salomonsen (1950—1951), auch Johansen (1956) und Christensen (1967).

Unsere Karte verdeutlicht das hauptsächliche Vorkommen dieser Gans in den riesigen Küstenstrichen, einsamen Fjorden und ausgedehnten Vegetationsoasen Ostgrönlands, Islands und Spitzbergens.

Die grönländische Population umfaßt unter normalen Bedingungen (siehe „Oekologie") kaum mehr als 1000 Brutpaare; lt. Kerbes, Ogilvie und Boyd (1971) waren es 1970 höchstens so viele. Anhaltspunkte dafür, daß sich ihre Zahl in den vergangenen Jahrzehnten merklich vergrößert hätte, sind nirgendwo wahrgenommen worden. Nur an wenigen Stellen, so bei Constable Point (P. 12) wurde kolonieartiges Brüten in wahrscheinlich mehr als 100 Nestern festgestellt. Die einzigen durchgehend dichter besiedelten grünen Oasen scheinen Jameson Land und Muskox Fjord-Loch Fyne zu sein. Gewöhnlich sind die angetroffenen Brutansiedlungen klein, meist etwa ein Dutzend Nester oder weniger groß, einzeln brütende sind oft

| | | | |
|---|---|---|---|
| – | Gebiet zwischen Kisa u. Dalsá | ANJ | Philippona u. Smith 1978 |
| – | Hölkná-Flußgebiet | AJ | Philippona u. Smith 1978 |
| – | Geldingaá-Flußgebiet | AJ | Philippona u. Smith 1978 |
| – | Kisá East bank | N | Lok u. Vink 1979 |
| – | Kisá West bank bis Kjálkaver | N | Lok u. Vink 1979 |
| – | E Miklilaekur | N | Lok u. Vink 1979 |
| – | zwischen Miklilaekur u. Dalsa | N | Lok u. Vink 1979 |
| – | Dalsa South bank | N | Lok u. Vink 1979 |
| – | Thjórsá u. East bank gegenüber Lodnaver | N | Lok u. Vink 1979 |
| – | bei Gljufurleit | B | Scott, Fisher u. Gudmundsson 1951–1952 |
| 17. | Hvitá-Schlucht | BN | Kerbes, Ogilvie u. Boyd 1971 |
| – | Hvitá nahe Bláfell | AJ | Philippona u. Smith 1978 |
| 18. | Vegetationsoase Eyvindarver | AB | Timmermann 1933 |
| 19. | Jökulfall | BN | Bulstrode u. Hardy 1970, Philippona u. Smith 1978 |
| – | Kerlingaralda | N | Bulstrode u. Hardy 1970 |
| – | Kisubotnar | B | Bulstrode u. Hardy 1970 |
| – | Miklumyrar | AJ | Bulstrode u. Hardy 1970 |
| – | Hravntoftaver | ANJ | Bulstrode u. Hardy 1970 |
| – | Blágnipurver | AJ | Bulstrode u. Hardy 1970, Philippona u. Smith 1978 |
| – | Gránunes u. Svartárbotnar | N | Bulstrode u. Hardy 1970 |
| – | Blágnipuspordur (Jokulvisl gorge) | ANJ | Bulstrode u. Hardy 1970, Philippona u. Smith 1978 |
| – | Hvitarnés-See | ANJ | Philippona u. Smith 1978 |
| – | Imriskuti-Hügel (Svartá-Fluß) | AJ | Philippona u. Smith 1978 |
| – | Vestri-Svartar | AJ | Philippona u. Smith 1978 |
| 20. | Gudlaugstungur | BN | Kerbes, Ogilvie u. Boyd 1971, Philippona u. Smith 1978 |
| – | Nedri Seydisárdrög | AJ | Philippona u. Smith 1978 |
| 21. | Pjórsárver | BNJ | Kerbes, Ogilvie u. Boyd 1971, Salomonsen 1971, Philippona u. Smith 1978 |
| – | Hofsjökull-Eiskap | J | Scott, Boyd u. Sladen 1955 |
| – | um Hofsjökull | B | Hardy 1967 |
| – | SE u. S Pjórsárver | BN | Kerbes, Ogilvie u. Boyd 1971 |
| – | Illugaver | BN | Kerbes, Ogilvie u. Boyd 1971 |
| – | Hnifárver | BNc | Kerbes, Ogilvie u. Boyd 1971, van Dijk u. Kooyman fide Lok u. Vink 1979 |
| – | Krókur | BN | Kerbes, Ogilvie u. Boyd 1971 |
| – | äußerster Moränenrücken vom Arnarfellsmular | ANJ | Philippona u. Smith 1978 |
| – | W Hofsjökull | Bc | van Dijk u. Kooyman fide Lok u. Vink 1979 |
| 22. | Krossa-Mündung | B | Congreve u. Freme 1930 |
| – | Skjalfandaflót | Bc | Scott, Fisher u. Gudmundsson 1951–1952 |
| – | Krossargil | B | Scott 1956 |
| – | Hrafnabjörg | B | Scott 1956 |
| 23. | Hrauna-Quellgebiet | B | Timmermann 1933 |
| 24. | Hvannalindir | B | Scott, Fisher u. Gudmundsson 1951–1952 |
| 25. | auf Obermoräne vom Brúarjökull | B | Scott, Fisher u. Gudmundsson 1951–1952 |
| 26. | bei Hoferpoint | BN | Birula 1910 |
| – | N Stormbukta | B | Norderhaug, Ogilvie u. Taylor 1965 |
| – | S Gänse-Bai (= Goes Bay) | | Bianchi 1902 |
| 27. | Dunoyane | B | Norderhaug, Ogilvie u. Taylor 1965 |
| – | Ohlsholmen u. N davon | B | Norderhaug, Ogilvie u. Taylor 1965 |
| – | Vikvatna | AJ | Ogilvie u. Taylor 1967 |
| – | Griseryggen | B | Løvenskiold 1964 fide Ogilvie u. Taylor 1967 |
| 28. | Dunderdalen | BN | Norderhaug, Ogilvie u. Taylor 1965 |
| – | Floyfjellet | B | Løvenskiold 1964 |
| – | Recherche-Bai (= Recherchefjorden) | B | Kolthoff 1903 |
| – | zwischen Kap Lyell u. S-Seite d. Dunderbukta | AJ | Ogilvie u. Taylor 1967 |
| 29. | am Bellsund | B | Trevor-Battye 1897 |
| – | Küstensaum unterhalb Ingeborgfjellet | BN | Ogilvie u. Taylor 1967 |
| – | slopes of Klokkefjellet | NJ | Ogilvie u. Taylor 1967 |
| – | zwischen Klokkefjellet u. Dundrabeisen | AJ | Ogilvie u. Taylor 1967 |
| – | in van Keulen Bay | BN | Römer u. Schaudinn 1900, Johnsen 1933 |
| 30. | zwischen Liljevalchfjellet u. Damesmorenen | A | Hakala 1972 |
| 31. | N Bellsund | BN | Norderhaug, Ogilvie u. Taylor 1965 |
| – | Ornstdalen | AJ | Ogilvie u. Taylor 1967 |
| 32. | Grüner Hafen | AJ | Römer u. Schaudinn 1900 |
| – | Kohlen-Bai | Bc | Kolthoff 1903 |
| 33. | Sassendalen | J | Goodhart, Webbe u. Wright 1955 |
| – | Sassen-Bai | Bc | le Roi 1911 |
| 34. | Gipsdalen | J | Goodhart, Webbe u. Wright 1955 |
| 35. | bei Bruce City (= NE-Ende Billefjorden) | BNJ | van Oordt 1921 |
| 36. | auf dem Cape Boheman vorgelagerten Inseln | N | Trevor-Battye 1897 |
| 37. | S- u. N-Teil der Küste von Prinz Karl-Vorland | Bc | le Roi 1911 |
| 38. | Königs-Bai | BcN | Römer u. Schaudinn 1900, Dalgety, McNeile u. Ingram 1931 |
| 39. | bei der Ekman Bay (= NE-Ende Ekmanfjorden) ↓ | BN | van Oordt 1921 |
| 40. | nahe Purpurtal (E-Ufer d. Andreélandes) | AJ | Jung 1939 |
| 41. | Jena-Insel | B | Kolthoff 1903 |

*Anmerkungen*

*Zu P 39:*

Erst nach Druck der Karte wurde uns bekannt, daß der nördlichste, bedeutende Brutraum von *A. brachyrhynchus* auf fast 80 °N liegt: im Nordwest-Spitzbergen-Nationalpark. Hier sind auf Reinsdyrflya im Juli/August 1976 84 pull. registriert worden, an 5 anderen Plätzen weitere 21. Vgl. Karte und Tab. 1 u. 2 (p. 107, 109, 111) bei Alendal et al. (1982).

Brutplatz lag 3—4 km von der Küste entfernt, die Distanz der Nester untereinander maß zwischen 5 und 50 m. Kliff- und Abhang-Brutplätze wurden u. a. im Kong Oscar Fjord-Gebiet eher besetzt, da viel früher schneefrei als das umliegende Land (FERNS u. GREEN 1975).

Auf Island wurden Nester vorwiegend auf Moränenrücken gefunden, auch entlang kleinen Flüssen, auf Erhebungen inmitten flacher Tundra, Hügelflanken, Bergabhängen, Felsbändern und steilen Klippen, die Flußschluchten überragen. TIMMERMANN (1933): „Der Brutbiotop erwies sich im allgemeinen als ziemlich gleichartig: die Niststellen waren in jedem Fall über dem Wasser in steilen Felsschluchten und engen, tief eingeschnittenen Flußtälern mit z. B. typischer Cañonbildung angelegt.

Die Nester stehen meistens an schwer zugänglichen Orten auf Terrassen oder kleinen Felsvorsprüngen, wo eine spärliche Moos- und Flechtenvegetation die Gänse zum Brüten einlädt. Der relativ üppige Graswuchs in unmittelbarer Nähe des Nestes dürfte erst später durch die Exkremente der Vögel zur Entwicklung kommen. Gelegentlich werden die Nester auch auf einer vorspringenden Landzunge direkt am Flusse hergerichtet . . . Der Abstand der Nester von einander . . . wird offenbar ausschlaggebend durch den geologischen Bau und die Landschaftsform des betreffenden Gebietes bestimmt."

Auf Spitzbergen sind Neststandorte auf moosbewachsenen Absätzen der Berghänge beobachtet worden. Bei zuviel Schnee auf den üblichen Brutplätzen wurden Nester an den Rändern hoher, schroff abfallender Strandwälle angelegt. VAN OORDT (1921) vermerkt Bruten auf begrasten Simsen steiler Kliffs an Flußrändern und in Kantennähe an der Steilküste bei der Ekman Bay. Obligat war, daß derartige Stellen gute Sicht rundum boten.

Nach LE ROI (in KOENIG 1911) ist *A. brachyrhynchus* kein Tieflandsbrüter, „. . . sondern wählt hoch- und freigelegene Stellen am Festlande oder auf kleinen Felsinseln, oft weit vom Wasser entfernt, die nach allen Seiten hin weiten Ausblick gewähren. Mit besonderer Vorliebe brütet sie auf den kleinen Terrassen und staffelförmigen Absätzen an solchen Stellen der oft recht steilen Randberge, die sich oasengleich schon von ferne durch ihren spärlichen grünen Pflanzenwuchs vor ihrer Umgebung auszeichnen . . . Gerne nistet sie auch auf den schmalen vorspringenden Bastionen der Steilhänge oder dicht am Rande senkrecht abfallender Fjord- und Inselufer, schroffer Abstürze und tiefer Schluchten, wo die Kraft der Sonnenstrahlen dem verschneiten Gelände kleine schneefreie Fleckchen abgerungen hat, eben groß genug zur Anlage der Nester . . . Als Grundlage der Nester dient eine flache Mulde im Erdboden. . . Oft umringt diese Mulde ein breiter Kranz von Gräsern, die infolge der reichlichen Düngung mit der Losung der Brutvögel in der Regel sehr üppig und dicht stehen. Bei einem von LE ROI in der Sassen-Bai mit der Grasnarbe ausgestochenen. . . Neste hat die Mulde einen Durchmesser von 30 cm und ist mit einer ziemlich dicken Schicht von Moos, Flechten, Grashalmen und anderen Pflanzen (*Saxifraga, Cerastium, Dryas, Cassiope, Salix* usw.) sowie Erde ausgefüllt. Hierauf ruht eine reichliche Lage von mäßig weichen, grauweißen und bräunlichen Dunen, stark untermischt mit Federchen des Kleingefieders und den anderen Niststoffen, auf der die Eier in einer sehr seichten Vertiefung liegen".

Ankunft der Vögel, Fortpflanzungstermine und -erfolg sind eng an den alljährlichen Witterungsablauf an den sub- und hocharktischen Vorkommensstätten geknüpft, insofern lokal und saisonal recht unterschiedlich stimuliert und deshalb nur schwer zu verallgemeinern. Dazu und darüberhinaus zu Koloniegrößen und -dichte, Legefristen, Bebrütungsdauer, Jungensterblichkeit, Mauserzyklus, Nahrungsökologie und -spektrum, Feinden und anderen biologischen Daten der Art ist in den letzten Jahrzehnten ausgebreitet und kontinuierlich publiziert worden — vgl. detailliert u. a. bei KOENIG (1911), LØPPENTHIN (1932), TIMMERMANN (1933), SALOMONSEN (1950—1951), SCOTT und FISHER (1953), SCOTT, BOYD und SLADEN (1955), HARDY (1967), KERBES, OGILVIE und BOYD (1971), GARDARSSON (1972), LOK und VINK (1979).
Repräsentativ mag angedeutet werden: Grönland: Erstbeobachtungen ab 20. Mai, zwischen 23. und 30. Mai (PEDERSEN 1934), am 28. Juni ein Paar am Nest auf Albrechtslette, 11. Juli 6—7 Paare mit 20 Gösseln bei Zackenberg (CHRISTENSEN 1967). Bei langandauernder Schneebedeckung (90 % noch im späten Juni) registrierten FERNS und GREEN (1975) 1974 in der Mestersvig-Region das Ende des Brütens und zweitägige Gössel am 26. Juni, am 12. August Schar von 30 ad. und 44 gutentwickelten juv. an der Südseite des gleichnamigen Fjords.

Island: Erste Eier um den 12. Mai, Spitzendatum für Vollgelege (gewöhnlich 5—6, häufig 7—8, selten weniger als 5 Eier enthaltend) 25. Mai, Höhepunkt Schlupf 22. Juni, Mehrzahl der mausernden Nichtbrüter wieder flugfähig 28. Juli, Gros der mausernden Brutvögel flugfähig 4. August, Mehrzahl der Gössel flügge 6.—10. August. In der Saison 1966, die durch späte Schneeschmelze geprägt war: Nichtbrüter wieder flugfähig 10. August, Brutvögel sämtlich 17. August, 70 % der Gössel am 23. August flügge (nach HARDY 1967). Ende Juni/Anfang Juli 1976 beobachteten PHILIPPONA und SMITH (1978) am Pjórsárver infolge späten und kalten Frühlings nur geringen Reproduktionserfolg — „sehr viele waren nicht in der Lage, Nachwuchs aufzuziehen, und hatten das Gebiet zusammen mit den Nichtbrütern bereits verlassen, um in Ostgrönland zu mausern" (l. c.). In diesem Jahr wurden 2,7 Junge je Paar ermittelt, von SCOTT, BOYD und SLADEN (1955) für 1953 4,5 beim Schlüpfen, 4,2 drei Wochen darauf. BOYD und OGILVIE (1969) schlossen aus Winterzählungen in Großbritannien auf 1,3 juv. pro Paar in schlechten Jahren bis 4,0 in guten. LOK und VINK (1979) notierten 1979 zwischen Lodnaver und Kjálkaver am 21. Juni die ersten Gössel.

Spitzbergen: Ankunft an den Brutplätzen gewöhnlich in der zweiten Maihälfte. Im Hornsund der erste Flug am 13. Mai. Früheste in Advent-Bai am 19. Mai, im Stor-Fjord am 26. Mai. Legebeginn bei den meisten um die Juni-Mitte. Frischgelege am 14. Juni in van Keulen-Bai. Nest mit 3 Eiern gesammelt nahe Cape Boheman am 26. Juni, Nestfund (3 Eier u. 1 frischgeschlüpfter juv.) bei Bruce City am 15. Juli. Erste Dunenjunge in van Keulen-Bai am 4. Juli, in der Königs-Bai am 7. Juli. Mauseranfang allgemein Mitte Juli.

Wanderungen

Zugvogel, der seine Brutheimat verläßt, sobald dort flächendeckender Schneefall und erste Fröste auftreten. Die Ostgrönland- und Island-Gänse überwintern nahezu ausschließlich in Schottland und England, die von Spitzbergen im küstennahen Bereich der südlichen Nordsee.

Die wichtigsten schottischen Winterplätze befinden sich in den Grafschaften Perth, Angus, Fife und Kinross, weiter im SE von Midlothian, NE Aberdeen und im S der Solway-Bucht. In England wird hauptsächlich an der Morecambe Bay in Lancashire, im Westen von Yorkshire sowie in den Buchten von Wash und Humber in den Grafschaften Norfolk und Lincoln überwintert. Erstbeobachtungen im herbstlichen Schottland Ende September, das Gros erscheint in der ersten Oktoberhälfte, Nachzügler Ende dieses Monats. Tabellarisches Material samt Anwesenheitsziffern für den zeitigen November 1950—1968 in BOYD und OGILVIE (1969).

Gemäß Zählungsserien wuchs die Population ziemlich stetig von ca. 30000 1950 auf über 76000 1966 an und fiel 1968 auf 65000. TIMMERMANN (1976) gab für die Mitte der 70er Jahre 75000—82000 britische Überwinterer an. Als Schlafplätze fungieren „Sandbänke, trocken gefallene Schlickplatten oder Untiefen in marinen Gebieten... Meistens sind diese auch ruhig und schwer zugänglich für Mensch und Tier" (l. c.). Derselbe Gewährsmann vermittelt sehr lesenswerte Erkenntnisse zum Management von Gänserastplätzen (p. 91—97).

Der Rückzug aus den Wintergebieten wird durch antizyklonale Wetterlagen auffallend stimuliert; treten abrupt gegenteilige Situationen ein, kehren die Vögel meist ans Land zurück. Im westlichen Schottland beginnt der Heimzug in der Regel mit der 3. Aprilwoche (vgl. WILLIAMSON 1968), sonst geringfügig schon im frühen April und späten März.

Was die Spitzbergen-Population angeht, so sind von 1965—1977 zwischen 12000 und 18800 Überwinterer gezählt worden. Ende August und im September wurde auf Spitzbergen Bewegung der Vögel nach Süden beobachtet, jeweils wenige Tage nach den ersten Nachtfrösten. 1926 passierte ein letzter Flug (152 Ex.) von N nach S Camp Erna am 30. September (KRISTOFFERSON 1926 fide JOHNSEN 1933). 1976 waren um den 14. September große Scharen zum Abflug versammelt. Der Zug geht über Wochen: Noch Anfang Oktober sind Kurzschnabelgänse in NE-Norwegen gesehen worden, während erste schon im letzten September-Drittel am Ringköbing Fjord im westlichen Jütland erschienen. Das Gros folgt im Oktober/November. Im Dezember ist der Zug beendet. Innerhalb des Winterquartiers südliche Nordseeküste werden je nach Wetter- und Weideverhältnissen Streifereien unternommen; die Vögel kehren zum Übernachten in wenige recht eng gefaßte Bezirke zurück.

Die herbstliche Route, die *A. brachyrhynchus* nach Dänemark einschlägt, ist trotz diverser Rückmeldungen erlegter Ringvögel noch immer nicht zuverlässig bekannt (WEBBE 1958 u. HOLGERSEN 1960). Der einzige Rastplatz im Nordmeer ist die teich- und seenreiche Băreninsel. Wo die ziehenden Gänse auf die zerklüftete Küste Nordnorwegens treffen, ist nach wie vor ungewiß. Der weitere Weg nach Süden verläuft offensichtlich mehr östlich — über das nördliche Finnland zum Bottnischen Meerbusen, von da der schwedischen Küstenlinie folgend Richtung SW. Belegstücke aus der südschwedischen Seenplatte weisen auf Überqueren der Ostsee bis ins Kattegatt hin. Eine weitere herbstliche Zugstraße könnte sich an die norwegische Westküste anlehnen. Es sind allerdings keine Hinweise auf Zug entlang der südwest- und südnorwegischen Küste vorhanden; eventuell geht er über den inneren Trondheim-Fjord, die Glomma-Niederung, Bohuslän und schneidet dann das nördliche Kattegatt Richtung Jütland (evtl. über Skagen). Erbeutete Ringträger und jüngere Beobachtungen lassen vermuten, daß die Norwegen-Route eher im Frühjahr als im Herbst benutzt wird; das hat den Verdacht auf jahreszeitlich alternierenden Schleifenzug erhärtet (vgl. Karte p. 315 in HOLGERSEN 1960). EKKER (1981) und RIKARDSEN (1982) hoben den Rastplatz Vesterålen hervor (am 18. Mai 1980 auf Andøya 7400 Ex., siehe auch Zugkarte p. 165 bei diesem Autor).

Zusammenfassende Darstellung der Phänologie in Dänemark verdanken wir FOG (1977, Spezialkarte p. 128). Danach berührt die schmale Zugstraße ausschließlich das äußerste westliche Jütland. Nahezu alle Spitzbergen-Gänse halten sich im Oktober und April—Mai auf den dänischen Rastplätzen auf (nach Zählungen zwischen 1963/64 u. 1974/75 Zugspitze im Oktober mit bis 18800 Ex. und im März bis 15000). 1976er Erhebungen ergaben, daß zwischen dem Abzug großer Scharen von Spitzbergen und dem Eintreffen in Dänemark etwa 10 Tage lagen. Nur hin und wieder verweilen im November noch größere Mengen in Dänemark, ab Mitte März ist der Bestand hier wieder fast komplett versammelt. Eigentliches Überwintern geschieht lediglich im geringen Maße auf der Halbinsel Tipperne-Värnengene im Ringköbing Fjord und auf südjütländischen Marschwiesen. Isländische Stücke sind auf dänischen Rastplätzen seltene Ausnahmen, könnten aber leichtes Überlappen der Quartiere in strengen Wintern anzeigen. Von ungefähr Mitte April bis zum Aufbruch nach Norden in der 2. Maihälfte werden jedes Jahr ca. 10000 im Vest-Stadil Fjord registriert.

Den in den letzten 25 Jahren grundlegend veränderten Winterstatus an der deutschen Nordseeküste von 1974—1977 hat HUMMEL (1980) bearbeitet (vgl. Spezialkarte ibid.). Nach dem 2. Weltkrieg lag das bedeutendste Vorkommen auf Föhr, am Jadebusen-Westufer, Dollart und im Überschwemmungsgebiet von Ems, Leda und Jümme SE Leer. Weitere nennenswerte in Holländisch Friesland; in Belgien (isolierter Platz Damme mit 500—1000 Ex. Ende Dezember bis Mitte Januar — siehe KUYKEN 1969); gelegentlich an der französischen Westküste, jedoch nur in ungewöhnlich harten Wintern (z. B. Februar 1956).

In den 60er Jahren sind die zentralen und südlichen Teile von Holländisch Friesland zum Hauptüberwinterungsgebiet geworden (vgl. auch PHILIPPONA u. VAN DER MEULEN 1969) — Folge des Trockenlegens der Leda-Jümme-Niederung, die somit als Rastplatz für Wasservögel völlig entfallen, und Besiedelns der Föhrer Marsch, die analog bedeutungslos geworden ist. Lediglich auf dem Heimzug, mitunter schon im Dezember und Januar, rasten am Jadebusen nach wie vor größere Scharen. Seit 1964 werden solche auf dem Rodenäs-Vorland im deutsch-dänischen Grenzgebiet ausgemacht (am 17. 4. 1977 war dort mit 12000 Ex. nahezu die gesamte Spitzbergen-Population versammelt). Diese Stelle ist der derzeit bedeutendste deutsche Frühjahrsrastplatz, durch geplante Vordeichungen im großen Stil allerdings akut bedroht.

Die Zugbewegung von Jütland auf die neuen holländischen Überwinterungsplätze läuft anscheinend überwiegend quer über die Deutsche Bucht ab, also direkt über das Meer, ohne die Küste sonderlich zu berühren (170 SW-Überhinzieher am 8. 10. 1976 auf Helgoland). Der frühjährliche Rückzug nach Dänemark findet höchstwahrscheinlich wiederum großenteils über das freie Wasser hin statt, folgt nicht der Küstenlinie: Der Jadebusen-Bestand ist meist kleiner als der friesische, etwa 850 Ex. am 13. Februar 1977 über Wilhelmshaven nach N, 65 Ex. am selben Tage über Helgoland nach ENE, an der niedersächsischen Küste östlich des Jadebusens existiert kein anderer Rastplatz mehr, nur ein Teil der Heimkehrer vollführt Schleifenzug über die Deutsche Bucht. An der schleswig-holsteinischen Westküste nur sehr sporadisch.

Durch Stürme verdriftete isländische Ringvögel sind in Spanien, auf den Kanaren und Azoren wiedergefunden worden.

Zum Mauserzug isländischer Nichtbrüter Ende Juni/Anfang Juli nach Grönland hat sich Christensen (1967) hypothetisch geäußert. — Der unverhältnismäßig hohe Anteil nicht Brütender an der Grönland-Population ab Mittsommerzeit war schon in den 20er Jahren aufgefallen und wurde ständig von neuem wahrgenommen, synchron ein Defizit auf Islands Brutplätzen. „Ausflüge" direkt nach N konnten an der isländischen Nordküste am 30. Juni 1952 bei Blönduós beobachtet werden. Mehr südlich ansässige Grönland-Gänse vollführen eventuell eine ähnliche Wanderbewegung. Die Isländer verlassen weitläufiges Grasland und treffen in Grönland zum Höhepunkt der Schneeschmelze ein, wenn weite Flächen für sie frei werden. Da sich die Besiedlung nördlich des Scoresby-Sunds auf kaum mehr als 700 Personen beläuft, stehen den mausernden und dann extrem scheuen Gänsen einige tausend Quadratkilometer zur Verfügung. Der Jagddruck auf sie ist verschwindend gering; die Mauserzeit liegt zu spät für Schlittenfahren und zu früh für Motorbootsegeln.

Die nur etwa 5500 Köpfe zählenden Frühjahrsgänse in E-Grönland lassen den Schluß zu, daß rund die Hälfte (15000) der isländischen dort mausert. Die definitive Klärung dieses hochsommerlichen Wanderphänomens vermöchte u. U. Antwort auf die inzwischen aufgeworfene Frage nach der populationsseitigen Selbständigkeit der grönländischen Kurzschnabelgänse zu bringen, zugleich, ob sie womöglich nur Teil der Island-Population sind, der auf einem Nebenterritorium brütet.

# *Puffinus leucomelas* (Temminck)

bearbeitet von

I. A. NEUFELDT und K. WUNDERLICH

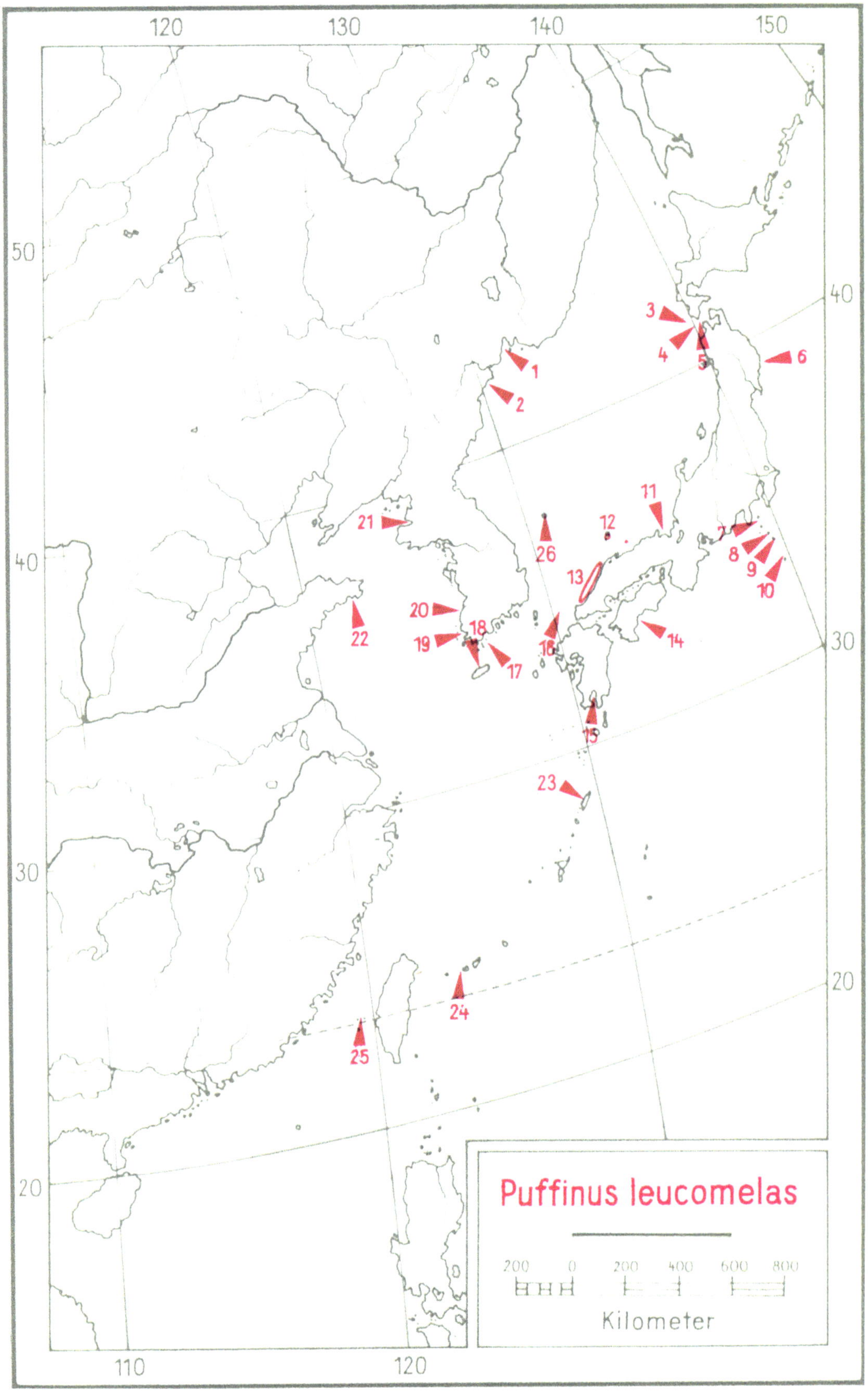
Puffinus leucomelas
200 0 200 400 600 800
Kilometer
120
130
140
150
50
40
30
20
110
120
40
30
20
1
2
3
4
5
6
7
8
9
10
11
12
13
14
15
16
17
18
19
20
21
22
23
24
25
26

Spalten, ebenso in kombinierten Höhlen, die im Fels lagen (LITWINENKO et al. 1972). 1969 sind dort 80 besetzte Löcher gezählt worden (LITWINENKO 1976). Das eigentliche Nest sind einige dürre Wermut- oder Kreuzkrautstengel und ist inmitten der Brutstätte plaziert. An Stellen größerer Brutdichte waren die Höhlen nur 1—2 m voneinander entfernt (LITWINENKO et al. 1972). JAHN (1942) beschreibt Analoges für japanische Kolonien; auf den Izu-Inseln werden Höhlen in Gipfelnähe erloschener, mit immergrünem Laubwald bedeckter Vulkane bezogen. KURIMOTO (1937) protokollierte auf Mikurajima den Beginn des Ausgrabens der Höhlen (durch beide Altvögel) im April. Auf Birojima hatten die Höhlen 7—10 inches (rd. 18—25 cm) Breite und reichten 3—5 feet (91—152 cm) in die Tiefe.

Der Brutsaisonauftakt scheint von S nach N (entsprechende Arealausdehnung beläuft sich nach gegenwärtigen Vorkommen auf reichlich 2000 km) um 2—3 Dekaden zu differieren. Entsprechend geschehen die ersten Visiten auf den sommerlichen Brutinseln im Süden im späten Februar. KURODA (1963) konnte keinen Weißgesicht-Sturmtaucher vor NE-Honshu (N Tokyo) bis 10. März ausmachen; danach mehrten sich die Beobachtungen, bis die Vögel im Mai täglich zu sehen waren. N Aomori blieb die Art bis zum zeitigen Juni unnachweisbar. Auf Shichihatsu stellt sie sich Mitte März ein, auf Nishi Ende März (AUSTIN 1948). Auf Karamzina beziehen sie ihre Höhlen ab Ende April und bilden Paare, die möglicherweise hier wie auch anderswo nachts eintreffen. Bis Legebeginn wird die Insel ganz regulär angeflogen, werden die alten Höhlen gesäubert und vertieft, auch neue ausgescharrt. Aktivität ist fast nur während der Dämmerung, vor allem aber nachts registriert worden. Viele saßen bis zum Erscheinen der Eier auch tagsüber in den Höhlen, einzeln sowohl als auch paarweise. Sobald das einzige weiße Ei gezeitigt worden war bzw. ein Junges in der Höhle vorhanden, wurde jene Präsenz abgebrochen. Eiablage auf Karamzina in der 2. und 3. Juni-Dekade (LITWINENKO 1976). 12 Nester mit Eiern 1967 am 27. und 28. Juli; mit Ausnahme von zweien brüteten die Vögel auf allen. Am 10. August war in einem das Ei angepickt, in einem weiteren ein Küken (LITWINENKO et al. 1972). 1969 fand Schlupf während des ganzen Augusts statt: 1.—10. 8. — 8, 11.—20. 8. — 14, 21.—31. 8. — 4 Junge. Im Alter von 3 Monaten verlassen die Jungen die Kolonie — 1969 flog das früheste am 26. Oktober aufs Meer hinaus, das Gros zwischen 5. und 10. November, als im Primorje klares Frostwetter einsetzte, dem starke Luftbewegungen vorausgegangen waren, Stürme, zuweilen Schneegestöber (LITWINENKO 1976).

Die Eier-Verlustquote bei Karamzina-Vögeln wurde schon wenige Tage nach Ablage relativ hoch gefunden: 1969 gingen von 69 Eiern 30 zugrunde (43,5%), in erster Linie solche, die irgendwie aus den Höhlen gerollt waren (nur manchmal rollen die Altvögel sie zurück und setzen das Bebrüten fort), dann (ca. 15% der ausfallenden Eier) Gelege, die aus irgendeinem Grund von den Erwachsenen verlassen werden — möglicherweise infolge von Störungen, schließlich von Möwen aus deckungsarmen Nestern geraubte Eier. Jungen, die in tiefen Höhlen sitzen, können Feinde praktisch nichts anhaben, halbwüchsige fallen gelegentlich Greifvögeln zum Opfer. Von 39 Jungen verließen 32 unversehrt die Kolonie (82%). Eines wurde im Oktober von einer Sumpfohreule (*Asio flammeus*) geschlagen, 6 verendeten während eines Taifuns in vollgelaufenen Höhlen (LITWINENKO 1976, 1979).

Für koreanische Brutinseln vermerken GORE und WON (1971) Anwesenheit der Sturmtaucher vom März bis Oktober. Auf Nishi wurden die Eier vom späten Juni bis frühen Juli gezeitigt. Die Jungen verließen die Nester Mitte Oktober, die Insel Ende des Monats. Auf Shichihatsu Legebeginn Mitte Juni, Schlupf Mitte August, Abwandern der Jungvögel Mitte Oktober bis zeitiger Dezember. Beide Eltern brüteten. Bebrütungsdauer 54 Tage, Nestlingszeit 66.

Japanische Daten (nach AUSTIN u. KURODA 1953): Auf Kamurijima schlüpften im Juli (1948) die Jungen (die Kolonie umfaßte etwa 3000 besetzte Höhlen). Nähere Angaben zur Mikurajima-Kolonie hat KURIMOTO bereits 1937 gemacht. Danach verbringen die Vögel die Tageslichtstunden auf See. Sie verlassen die Insel in der Morgendämmerung und kehren bei Sonnenuntergang zurück, schwärmen dann „mit lautem Geschrei" über dem Brutterrain und suchen schließlich ihre Höhlen auf, die Jungen zu atzen. Um sich früh abschwingen zu können, sammeln sie sich zuerst unter Bäumen und erklimmen diese, um von den hohen Ästen zu starten. Die Jungen benutzten später ein abwärts zum Strand führendes Bachtälchen, um von der Insel wegzukommen. Dies geschah im späten November, Rückkehr schon im Februar. Beide Geschlechter gruben die Höhle aus, damit beginnend im April. Eiablage vom späten Juni bis Mitte Juli, Schlupf Mitte bis Ende August. Die regelrecht fetten Küken begannen im Spätherbst vor Erlangen der Flugreife an Körpergewicht zu verlieren. Sie zogen November bis Dezember ab (vgl. auch IKEDA 1954).

Birojima-Daten: Gelege im Juni und Juli, Schlupf im August, Abzug später November. Gleiches wurde für Sanganjima Kumagai publiziert, dazu Bebrütungsdauer 64 Tage, Aufenthalt der Küken in den Höhlen 66.

SHAW (1938) berichtet von 15 Eiern, die aus Steinhöhlen auf Takung-tao geborgen wurden: 5 am 22. 6., weitere 5 am 25. 6., 2 am 27. 6., 3 am 5. 7.

In der Aomori-Region (N-Honshu) ist im Juli ein ♀ gefangen worden, das große Eier im Ovar hatte.

Zum Nahrungsspektrum: Auf Karamzina Fütterungen etwa alle 24. Std. bzw. zweimal in 72 Std. 10—19, meist 19 Tage, bevor die Jungen das Nest verlassen, füttern die Eltern ein letztes Mal. In den Sommermonaten entstehen im nordwestlichen Japanischen Meer, z. B. in einem Radius von 200 Meilen seewärts um Karamzina, günstige Ernährungsbedingungen für die Sturmtaucher; im Juni konzentrieren sich dort, von Süden kommend, Kalmare (*Ommastrephes sloani*) und der Makrelenhecht *Calolabis saira*. Häufig beobachtetes Überfliegen der Insel durch futtertragende Altvögel bezeugt, daß diese ausreichend Nahrung nicht weit von der Kolonie entfernt zu gewinnen vermögen (LITWINENKO 1976).

In Kröpfen von Birojima-Küken fanden sich Blätter des Gerberstrauches (*Coriaria*), Fingerzeig darauf, daß die Jungen neben ausgewürgtem Fisch auch teils mit Vegetabilien versorgt werden könnten. Mägen von Qingdao-Vögeln (SHAW 1938) enthielten Reste von Cephalopoden. KURODA (1928a) erwähnt als Nahrung kleine Fische, die stoßtauchend, unter Zuhilfe-

# *Puffinus leucomelas* (Temminck)

Weißgesicht-Sturmtaucher

## Verbreitung

Monotypisch. Hochpelagisch lebende Art, deren Vorkommen als Brutvogel auf Inseln und Eilande im Offshore-Bereich des nordwestlichen Pazifik zwischen ca. 23° und knapp 43° N (Japan, Südprimorje, Korea, Nordostchina, Taiwan) beschränkt ist. Winterliche und Streifereien Nichtbrütender im Sommer führen allerdings weit über dieses Areal hinaus (vgl. detailliert unter „Wanderungen").

Nicht wenige Brutkolonien, gewöhnlich in Sichtweite der Küste gelegen, sind seit Jahrzehnten bekannt, können insofern als klassisch gelten; andererseits dürfte die enorme physische Vielgestaltigkeit und Zerrissenheit der von *P. leucomelas* bevorzugten Küstenstriche und Inselwelt auf dem Schelf im mittleren Fernost Neuansiedlungen noch lange begünstigen. Entdeckung bislang unbekannter Brutstätten ist zu erwarten. So wurde peripher nordwestlich der einzige Fundort in sowjetischen Gewässern, die 600 × 100 m große Insel Karamzina in der Peter-der-Große-Bucht, mit 150 Brutpaaren erst 1967 registriert — nördlichster Brutort der Art überhaupt. Das vielzitierte Brutvorkommen auf den Bonin-Inseln (Ogasawara) — peripher südöstlich — wird in der 1975er japanischen Check-list verneint.

Unsere Karte dokumentiert wohl nicht die Gesamtheit des insulären Areals. Dennoch verdeutlicht das kartographische Bild zuverlässig das sommerliche Gebundensein an den Nahrungsreichtum mäßig warmer Meeresströmungen bzw. der sommerlichen und herbstlichen Mischgebiete kalten und warmen Wassers.

Aktuelle Bestandsziffern sind allen verfügbaren Quellen nur bruchstückhaft zu entnehmen gewesen. Ältere Berichte vom „Brüten zu Millionen" bzw. „numberlessly" (Uchida 1927) dürften allerdings Historie sein. Kurimoto (1937) beschrieb die Mikurajima-Kolonie (P. 9) von 1937 derart: „Das ganze bewaldete Gebiet der Insel unterhalb 15 feet, ausgenommen in Dorfnähe, ist von den Vögeln besetzt . . .

Der Sturmtaucher ist Vogel warmer Meeresströmung, ständig darüber umherfliegend, Thunfische und Bonitos begleitend, mit ihnen dieselben kleinen Fische, Sardinen, Makrelen und ähnliche nutzend, in solchen Zahlen, daß die Trupps manchmal den ganzen Horizont verdecken. . . Sie sind unzählbar und brüten dort zu Millionen."

Orn. Soc. of Japan (Check-list 1975) charakterisiert den Status noch mit „große Kolonien auf einigen Küsteninseln" und betont teilweise Häufigkeit (und Brüten) in den Izu-Gewässern. Won (1963) publizierte sich teils rapide vollziehende Bestandsverringerungen um Korea, die ausnahmslos auf anthropogene Beeinträchtigung zurückzuführen sind, räumte allerdings ein, daß in Ermangelung kompletter Übersicht die Existenz weiterer Brutplätze wahrscheinlich sei.

Lokal ist seit langem das Nutzen der fetten Jungvögel und Eier (durch Pökeln) als Nahrungsreserve für Insulaner üblich. Ikeda (1954) vermerkt dies für die o. g. Izu-Insel Mikurajima (gut kontrollierte Entnahme von jährlich etwa 10000 juv. aus der Kolonie), Shaw (1938) für Takung-tao vor Qingdao, Neff (1956) für Nan-Do.

Auf nicht wenigen Brutinseln, die vor Korea und Japan zu „natural monuments" und sonstigen Reservaten erklärt worden sind, genießt die Art im Verein mit anderen Meeresvögeln Schutz.

Jahn (1942) typisierte noch unlängst *P. leucomelas* als weitaus häufigste der ostasiatisch-pazifischen Sturmtaucherarten, die in riesiger Zahl die Meere um die Japanischen Inseln südlich von Sachalin bevölkern. „Auf jeder Seefahrt trifft man fern von der Küste, wenn die Möwenarten hinter dem Schiff zurückbleiben, Tausende dieser Vögel, die in ruhelosem, ständig die Richtung wechselndem Fluge fern vom Schiff dicht über die Wellen dahineilen, und zwar zu allen Jahreszeiten im Winter und Frühling bis weit in südliche Gewässer hinunter" (l. c.).

## Oekologie

Nähere Angaben über den nördlichsten Brutplatz Karamzina haben Litwinenko et al. (1972) gemacht. Die Insel ist ein Felsen, ragt etwa 100 m hoch steil aus dem Meer empor und hat lediglich am Westufer geneigten Abhang. Das Oberland stellt ein Plateau vor, mit Wermut, Kreuzkraut (*Senecio*), Gänsefuß (*Chenopodium*) und Himmelsauge (*Commelina vulgaris*) bewachsen. Überall gewährt der Fels Einlaß und türmen sich Klippen auf. Neben *P. leucomelas* brüten in großen Kolonien Swinhoe-Wellenläufer (*Oceanodroma monorhis*), Japankormorane (*Phalacrocorax capillatus*), Meerscharben (*Ph. pelagicus*), Japanmöwen (*Larus crassirostris*), Brillteiste (*Cepphus carbo*), Trottellummen (*Uria aalge*) und Klippensegler (*Apus pacificus*). Die Japanmöwen-Ansiedlung ist bedeutend; nach Litwinenko (1976) umfaßt sie ungefähr 10000 Vögel. Die Weißgesicht-Sturmtaucher brüteten, außer an lotrechten Uferfelsen, in unterschiedlichen Teilen der Insel, gaben allerdings steinigen Abschnitten mit vielen tiefen unterirdischen Gängen den Vorzug (Litwinenko 1976).

Der nordkoreanische Brutplatz Unggi Al-som vor Kap Sosura (P. 2) ist physiognomisch überaus ähnlich. Chong (1974) schildert ihn als felsiges Eiland mit bis zu 70 m hohen Klippen, das 1959 zum Seevogelschutzgebiet erklärt worden ist.

Die Brutperiode beginnt relativ spät und endet erst im Herbst. Gebrütet wird in Höhlungen, die in den Boden gegraben bzw. gescharrt wurden oder in Nischen inmitten der Felsen. Erdhöhlen sind häufig so unter Steinen angelegt, daß diese Wand oder Decke bilden, jene somit sehr stabil sind. Solche „kombinierten" Bauten überwiegen auf Karamzina. Dort betragen deren Tiefe und Breite 1—1,50 m, sie führen gerade oder leicht gebogen ins Erdreich, ohne Seitengänge (Litwinenko 1979). Von 18 1967 auf der Insel gefundenen Nestern waren nur 2 reine Erdbauten, die übrigen in Nischen und

## FUNDORTLISTE

| Nr. | Fundort | | Quelle |
|---|---|---|---|
| 1. | Karamzina (Bucht Peter d. Große) | ABNJ | Litwinenko et al. 1972 |
| 2. | Al-som vor Unggi | B | Chong 1974 |
| – | Nan-Do | ↓ A | Neff 1956 |
| 3. | Oshima | B | Kuzu 1929 |
| 4. | Kojima | ↓ B | Austin u. Kuroda 1953 |
| 5. | Matsumae Oshima | B | Austin u. Kuroda 1953 |
| 6. | Sanganjima | B | Kumagai 1949 nach Austin u. Kuroda 1953 |
| 7. | Toshima | B | Austin u. Kuroda 1953 |
| 8. | Miyakejima | B | Austin u. Kuroda 1953 |
| – | Sanbondake | A | Moyer 1957 |
| 9. | Mikurajima | B | Kuroda 1928a, Kurimoto 1937 nach Austin u. Kuroda 1953, Ikeda 1954, Kuroda 1961 |
| 10. | Hachijojima | B | Austin u. Kuroda 1953 |
| 11. | Kamurijima | B | Uchida 1927, Kuroda 1928 a u. b, Austin u. Kuroda 1953, Yoshida 1973 |
| 12. | div. Oki-Inseln | B | Austin u. Kuroda 1953 |
| 13. | Shimane-Küste, div. Inseln (u. a. Shiroshima, Shukichigun, Kojima, Minogun, Fumi-Shima) | B | Uchida 1927, Austin u. Kuroda 1953 |
| 14. | Birojima | B | Kuroda 1928a, Uchida 1922 nach Austin u. Kuroda 1953 |
| 15. | Kagoshima, Yokoatojima | B | Austin u. Kuroda 1953 |
| 16. | Okinoshima | B | Austin u. Kuroda 1953 |
| 17. | Kwanum-Do | B | Won 1963 |
| – | zw. Felsen auf NE-Seite von Chuk-Do | B | Won 1963 |
| 18. | Cheju-do | B | Gore u. Won 1971 |
| 19. | Shichihatsu, SW Moppo | B | Austin 1948 |
| 20. | namenlose Inseln vor Kunsan | B | Austin 1948 |
| 21. | Nishi, nahe Chinnampo | B | Austin 1948 |
| 22. | Takung-tao, vor Tsingtao (= Qingdao) | AB | Shaw 1938, Cheng 1976 |
| 23. | Amamioshima (Bucht nahe Tatsugo) | J | Ripley 1953 |
| 24. | Nakano-Kamishima (Iriomote) | B | Kurata 1966 |
| 25. | Pescadores | A | Mathews u. Iredale 1915, Hachisuka u. Udagawa 1951 |
| 26. | Ullyng-do (= Dagelet-Insel) | B | Won 1963 |

*Anmerkungen*

*Zu P. 2:*
Vager Nachweis. Er bezieht sich auf 2 ergriffene Altvögel vom 5. Mai, die vermutlich eine Bruthöhle präparierten. Das Lokalisieren der Brutinsel bereitet Schwierigkeiten: Es könnte sich um die von drei gleichen Namens vor der koreanischen NE-Küste handeln, die in der Nähe der Tumangan-Mündung (Tumen River) liegt (vgl. Neff 1956, p. 551).

*Zu P. 4:*
Das Vorkommen gilt als erloschen, zerstört ,,by fox farmers".

## LITERATUR


Alexander 1959 — Vögel d. Meere. Hamburg–Berlin. 39.
Austin 1948 — Bull. Mus. Comp. Zool. Harvard 101, 32–33.
Austin u. Kuroda 1953 — Bull. Mus. Comp. Zool. Harvard 109, 302–304.
Check-list Japanese Birds 1975 — Tokyo. 10.
Cheng 1976 — Distrib. List Chinese Birds (Rev. Ed.). Peking. 8.
Chong 1974 — Korean Nature 4, 9–11.
Delacour u. Mayr 1946 — Birds of Philippines. New York. 21.
Dixon u. Starret 1952 — Auk 69, 269.
Etchécopar u. Hüe 1978 — Ois. Chine/Mongolie et Corée. Non passereaux. Papeete (Tahiti). 30–31.
Gore u. Won 1971 — Birds of Korea. Seoul u. Tokyo. 101.
Hachisuka u. Udagawa 1951 — Quart. Journ. Taiwan Mus. 4, 125.
Hayashi 1983 — Tori 32, 21–29.
Henry 1971 — Birds of Ceylon. London–New York–Melbourne. 371–372.
Ikeda 1954 — Tori 13, 40–47.
Jahn 1942 — J. Orn. 90, 263.
Kurata 1966 — Misc. Rep. Yamashina Inst. Orn. 4, 363, 370.
Kurimoto 1937 — Yacho, 835–839.
Kuroda 1928a — Sci. Rep. Tôhoku-Imp. Univ., Fourth Ser., Biol. 3, 323–324.
Kuroda 1928b — Protection Birds Japan. Tokyo. 6.
Kuroda 1961 — Misc. Rep. Yamashina Inst. Orn. 3, 134.
Kuroda 1963 — Misc. Rep. Yamashina Inst. Orn. 3, 235.
Kuzu 1929 — Tori 6, 108–116.
Litwinenko 1976 — Zool. Sh. 55, 1206–1213.
Litwinenko 1979 — Priroda 9, 98–100.
Litwinenko et al. 1972 — Ornitologija 10, 363, 364.
Mathews u. Iredale 1915 — Ibis 3 (10), 594.
Meyer 1934 — J. Orn. 82, 570.
Morejohn 1978 — Auk 95, 420.
Moyer 1957 — Auk 74, 218, 224.
Neff 1956 — Auk 73, 552.
Rand u. Gilliard 1967 — Handb. New Guinea Birds. London. 29.
Ripley 1953 — Tori 13, 49.
Schuntow 1965 — Zool. Sh. 44, 411–422.
Schuntow 1970 — Ekologija 4, 47–54.
Shaw 1938 — Bull. Fan Mem. Inst. Biol., Zool. Ser. 8, 138–139.
Slepcow 1959 — Ornitologija 2, 279.
Smythies 1960 — Birds of Borneo. Edinburgh-London. 111.
Uchida 1927 — Pres. Cond. Protection of Birds and Mammals in Japan. Tokyo. 17–18.
van den Berg et al. 1982 — Ardea 70, 83.
Won 1963 — IX. Bull. ICBP, 124.
Yoshida 1973 — Tori 22, 60–66.

nahme der Flügel in 90—120 cm Tiefe erbeutet werden. Der gleiche Gewährsmann (1963) berichtet über fischende *P. leucomelas* im März vor der Südküste der Boso-Halbinsel (Honshu) in Strömungen mit 17—18 °C Wassertemperatur und 15—16 °C milder Luft darüber.

Wanderungen

Zug- und Strichvogel. Überwintert vor allem im Ostchinesischen Meer, in der Region, wo sich die warmen Wasser des Kuroshio-Stroms mit den kalten des Stroms, der aus dem Gelben Meer kommt, mischen (SCHUNTOW 1965, 1970). Hat wandernd den Golf von Bengalen erreicht (ETCHÉCOPAR u. HÜE 1978), Sri Lanka (HENRY 1971, VAN DEN BERG et al. 1982), gelegentlich Borneo — am ehesten bei heftigem NE-Monsun (SMYTHIES 1960), sehr selten die Philippinen (DELACOUR u. MAYR 1946), die Küste von Neuguinea (DIXON u. STARRET 1952, RAND u. GILLIARD 1967), die Molukken (ALEXANDER 1959), meist nur einzeln Neubritannien (MEYER 1934). DIXON und STARRET (1952) erwähnen hochsommerliche Nachweise aus der östlichen Philippinen-See, südlich bis Tinian und Saipan (Marianen). In den Wintermonaten (nach November) wurde die Art in mikronesischen Gewässern nicht ausgemacht.

Sommerwanderungen führen auch in die Südkurilen-Meerenge zu den Kleinen Kurilen, in die Nähe von Kunaschir, nordwärts bis Iturup (SLEPCOW 1959). Am 3. Oktober 1975 wurde ein ad. ♀ in der Monterey Bay (California) gesammelt, das mit etwa 15 *Puffinus creatopus*, 40—50 *P. griseus* und ca. 30 *P. bulleri* flog; frühere östlichste Beobachtungen im nordpazifischen Raum gelangen nahe den Hawai-Inseln (MOREJOHN 1978).

Nicht selten sind Weißgesicht-Sturmtaucher von Taifunen weit ins japanische Binnenland verschlagen worden. So werden sie von den Hochländern Zentralhonshus im Mai, August und September gemeldet (JAHN 1942, AUSTIN u. KURODA 1953). Laut YOSHIDA (1973) gingen meist Anfang November zwischen 1962 und 1971 über 1000 Ex., überwiegend Jungvögel von Kamurijima, entkräftet im und um den Kinki-Distrikt nieder. Zur jüngeren Sturmopfer-Statistik in der Fukui-Präfektur siehe bei HAYASHI (1983).

Der herbstliche Abzug im äußersten Nordwesten (Karamzina) endet im November. Ausgangs dieses Monats verlassen die letzten die Insel. Brutunreife und Unverpaarte ziehen schon früher weg, Ende September/Anfang Oktober. Es scheint, daß sich Brutvögel im Jahr darauf bereits sehr früh an der alten Kolonie einfinden, allerdings fehlen stützende Angaben aus dem Gesamtareal darüber weitestgehend. Für Mikura wurde bekannt (KURIMOTO 1937), daß jene nach Abzug im späten November im nächsten Februar wieder auftauchten, also nur reichlich 2 Monate abwesend waren.

Viele Paare kehren zum Brüten Jahr für Jahr an denselben Ort zurück. Beringung an 18 Nestern auf Karamzina ab 1969 brachte zutage, daß 1970 11 angestammte Höhlen wiederaufgesucht wurden, 1 Paar bezog eine benachbarte. Beobachten von 10 Paaren ergab, daß 1 Paar in derselben Höhle 4 Brutsaisons zubrachte, 2 Paare 3, 2 Paare 2 und 5 Paare nur 1. Die Masse der Nichtbrüter traf im Juni—Juli auf Karamzina ein (LITWINENKO 1976).

FSC
www.fsc.org
MIX
Papier | Fördert gute Waldnutzung
FSC® C083411

Kolibri 360 GmbH
Ferdinand-Jühlke-Straße 7
99095 Erfurt, Deutschland
produktsicherheit@kolibri360.de